高素质农民培育系列读本

粮食生产全程机械化技术手册

LIANGSHI SHENGCHAN QUANCHENG JIXIEHUA JISHU SHOUCE

南京农业机械学会组织编写

钱生越 鲁植雄 主编

中国农业出版社
北京

内 容 提 要

　　本手册全面系统地介绍了耕地、整地、平地、播种、施肥、移栽、中耕、开沟、收获、秸秆粉碎等粮食生产机械的构造、选用、安全使用、检查调整等知识和技术。主要涉及耕整地作业机械化、种植施肥作业机械化、田间管理作业机械化、收获作业机械化、粮食干燥作业机械化等五大粮食生产作业机械化技术。

　　本手册既可作为新型职业农民的培训教材，也可供从事农业机械设计、研究、开发制造、试验和维修等工程技术人员使用和参考。

《粮食生产全程机械化技术手册》编委会

主编　钱生越　鲁植雄

参编　张文华　鲁　杨　唐啸风　王少康

前　言

　　粮食是指烹饪食品中各种植物种子总称，又称为"谷物"。营养物质含量丰富，主要为蛋白质、维生素、膳食纤维、脂肪等。粮食的品种主要有：麦类（如小麦、大麦、元麦、黑麦、燕麦）、豆类（如大豆、红豆、绿豆）、稻类（如粳稻、籼稻、糯稻、旱稻、深水稻、超级稻）、粗粮类（如玉米、高粱、荞麦、小米）、补充类（如木薯、甘薯、马铃薯）等。

　　粮食全程机械化是指粮食生产的产前（育种、种子加工等）、产中（耕整地、播种、植保、收获、烘干、秸秆处理）、产后（加工、储藏等）各个环节的全过程机械化。在粮食生产全程机械化中，主要有五大作业机械化技术，即：耕整地作业机械化、种植施肥作业机械化、田间管理作业机械化、收获作业机械化、粮食干燥作业机械化。

　　为了全面推进粮食作物生产全程机械化，普及先进适用的粮食生产全程机械化的技术和装备，南京农业机械学会组织编写了《粮食生产全程机械化技术手册》，用以推进指导新型职业农民、农机手、农机工作人员正确开展粮食机械化生产活动，提高粮食机械化生产质量，提升农机技术科普水平。

　　本手册全面系统地介绍了耕地、整地、平地、播种、施肥、移栽、中耕、开沟、收获、秸秆粉碎等机械的构造、选用、安全使用、检查调整等知识。主要涉及耕整地作业机械化、种植施肥作业机械化、田间管理作业机械化、收获作业机械化、粮

1

食干燥作业机械化等五大粮食生产作业机械化技术。

本手册既可作为新型职业农民的培训教材，也可供从事农业机械设计、研究、开发制造、试验和维修等工程技术人员使用和参考。

本手册由南京市农业机械技术推广站钱生越和南京农业大学鲁植雄主编，参加编写的还有南京市农业机械技术推广站张文华、唐啸风、王少康及南京农业大学鲁杨等。

在本手册编写过程中，得到了许多农机维修企业的大力支持和协助，并参阅了大量参考文献，在此表示诚挚的感谢。

编　者

2020 年 3 月

目　录

前言

第一章　耕整地作业机械化 ………………………… 1

第一节　概述 ……………………………………… 1
　一、机械化耕整地的目的 ………………………… 1
　二、耕整地机械的类型 …………………………… 2
　三、机械化耕整地作业性能指标 ………………… 10
　四、机械化耕整地技术 …………………………… 13
第二节　犁的选择与安全使用 ……………………… 15
　一、犁的类型 ……………………………………… 15
　二、犁的型号 ……………………………………… 24
　三、犁的构造 ……………………………………… 24
　四、悬挂犁的挂结 ………………………………… 25
　五、悬挂犁的调整 ………………………………… 26
　六、犁耕作业技巧 ………………………………… 28
　七、犁安全使用技术 ……………………………… 30
第三节　旋耕机的选择与使用 ……………………… 31
　一、旋耕机的类型 ………………………………… 31
　二、旋耕机的型号 ………………………………… 32
　三、旋耕机的构造 ………………………………… 33

1

四、旋耕机的挂接 ………………………………………… 34

五、旋耕机作业机组的调整 ……………………………… 35

六、旋耕机作业的耕作路线 ……………………………… 37

七、旋耕机安全使用技术 ………………………………… 38

第四节　圆盘耙的选择与安全使用 ………………………… 39

一、圆盘耙的类型 ………………………………………… 39

二、圆盘耙的型号 ………………………………………… 43

三、圆盘耙的构造 ………………………………………… 43

四、圆盘耙的调整 ………………………………………… 44

五、圆盘耙的耙地方式 …………………………………… 44

第五节　水田耙的选择与安全使用 ………………………… 45

一、水田整地作业的要求 ………………………………… 45

二、水田耙的类型 ………………………………………… 45

三、水田耙的构造 ………………………………………… 47

四、水田耙的使用调整 …………………………………… 48

五、水田耙的耙地方法 …………………………………… 49

六、水田耙的安全使用 …………………………………… 49

第二章　种植施肥作业机械化 ……………………………… 51

第一节　播种机的选择与安全使用 ………………………… 51

一、播种方式 ……………………………………………… 51

二、播种机的类型 ………………………………………… 54

三、小麦播种机 …………………………………………… 58

四、玉米播种机 …………………………………………… 64

五、播种机的使用调整 …………………………………… 65

六、播种机的选择 ………………………………………… 70

第二节　水稻插秧机的选择与安全使用 …………………… 71

一、水稻插秧机的类型 …………………………………… 71

二、插秧机的结构 ………………………………………… 75

三、水稻插秧机的使用调整 …………………………… 75

第三节 水稻直播机的选择与安全使用 …………… 81

一、水稻直播的特点 ………………………………… 81

二、水稻直播的工艺流程 …………………………… 82

三、水稻直播机的类型 ……………………………… 83

四、水稻直播机的型号 ……………………………… 87

五、水稻水直播机的调整 …………………………… 87

六、水稻旱直播机的调整 …………………………… 89

七、水稻直播机的作业 ……………………………… 90

第四节 移栽机的选择与安全使用 ………………… 92

一、移栽机的类型 …………………………………… 92

二、移栽机的型号 …………………………………… 93

三、移栽机的构造 …………………………………… 94

四、移栽机与拖拉机的安装 ………………………… 95

五、移栽机的调整 …………………………………… 96

六、移栽机的安全操作方法 ………………………… 97

第五节 施肥机的选择与安全使用 ………………… 97

一、施肥方式 ………………………………………… 97

二、施肥机的类型与结构特点 ……………………… 98

三、化肥深施机具的类型与特点 …………………… 101

四、施肥机的使用调整 ……………………………… 106

第六节 地膜覆盖机的选择与安全使用 …………… 109

一、地膜覆盖的农业技术要求 ……………………… 109

二、覆膜原理及固膜方式 …………………………… 110

三、地膜覆盖机的特点 ……………………………… 111

四、地膜覆盖机的类型与构造 ……………………… 111

五、地膜覆盖机的安全操作 ………………………… 113

六、地膜覆盖机的调整 ……………………………… 114

第三章　田间管理作业机械化 ……………………… 115

第一节　中耕机的选择与安全使用 …………………… 115
一、中耕机的类型 …………………………………… 117
二、中耕机的调整 …………………………………… 119
三、中耕机的质量检查 ……………………………… 120

第二节　喷雾器的选择与安全使用 …………………… 121
一、喷雾器的类型 …………………………………… 121
二、喷雾器的型号 …………………………………… 123
三、喷雾器的构造 …………………………………… 123
四、背负式手动喷雾器的使用调整 ………………… 126
五、背负式电动喷雾器的使用调整 ………………… 127

第三节　机动喷雾机的选择与安全使用 ……………… 127
一、机动喷雾机的类型 ……………………………… 127
二、机动喷雾机的型号 ……………………………… 128
三、机动喷雾机的结构原理 ………………………… 129
四、机动喷雾机的安全操作 ………………………… 131

第四节　喷杆喷雾机的选择与安全使用 ……………… 131
一、喷杆喷雾机的类型 ……………………………… 131
二、喷杆喷雾机的型号 ……………………………… 133
三、喷杆喷雾机的结构 ……………………………… 133
四、喷杆喷雾机的使用安装 ………………………… 135
五、喷杆喷雾机的调整 ……………………………… 136

第五节　背负式喷雾喷粉机的选择与安全使用 ……… 137
一、背负式喷雾喷粉机的类型 ……………………… 137
二、背负式喷雾喷粉机的型号 ……………………… 138
三、背负式喷雾喷粉机的结构 ……………………… 138
四、背负式喷雾喷粉机的工作原理 ………………… 139
五、喷雾作业方法 …………………………………… 141

六、喷粉作业方法 ……………………………………………… 142

七、背负式喷雾喷粉机的调整 …………………………………… 143

第四章　收获作业机械化 …………………… 145

第一节　水稻收获机的选择与安全使用 …………………… 145

一、水稻收获机的分类 ………………………………………… 145

二、水稻收获机的基本组成 …………………………………… 150

三、水稻收获机的田间作业 …………………………………… 152

第二节　小麦收获机的选择与安全使用 …………………… 157

一、小麦收获机的类型 ………………………………………… 157

二、小麦收获机的总体结构 …………………………………… 160

三、小麦收获机的工作过程 …………………………………… 162

四、小麦收获机的田间作业 …………………………………… 165

第三节　玉米收获机的选择与安全使用 …………………… 170

一、玉米收获机的类型与型号 ………………………………… 171

二、玉米收获机的基本组成与工作过程 ……………………… 175

三、玉米收获机的选购 ………………………………………… 177

四、玉米收获机的田间作业 …………………………………… 179

第四节　秸秆粉碎还田机的选择与安全使用 ……………… 185

一、秸秆粉碎还田机的类型 …………………………………… 185

二、秸秆粉碎还田机的型号 …………………………………… 189

三、秸秆粉碎还田机的挂接 …………………………………… 190

四、秸秆粉碎还田机的安全操作规程 ………………………… 190

五、秸秆粉碎还田机的调整 …………………………………… 194

第五章　粮食干燥作业机械化 …………… 198

第一节　粮食机械干燥的过程与方法 ……………………… 198

一、几个基本概念 ……………………………………………… 198

二、粮食烘干过程 …………………………………………… 199

三、烘干工艺 ……………………………………………… 200

四、干燥要求 ……………………………………………… 201

五、粮食干燥性能指标 …………………………………… 202

六、干燥方法 ……………………………………………… 204

第二节 干燥机的选择与安全使用 ………………………… 209

一、干燥机的类型 ………………………………………… 209

二、几种典型干燥机 ……………………………………… 210

三、干燥机型号 …………………………………………… 218

四、干燥机热源选用 ……………………………………… 219

五、干燥机的安装调整 …………………………………… 223

六、烘干作业操作过程 …………………………………… 227

七、干燥机的安全使用技术 ……………………………… 229

参考文献 ………………………………………………………… 235

第一章

耕整地作业机械化

耕整地机械化是指以满足粮食作物的播种、栽插生产需要，选用适宜的耕整地机械，按照农田耕整要求和作业规范，进行耕整地作业。

第一节 概　　述

一、机械化耕整地的目的

机械化耕整地是种植生产的基础，目的是改良土壤物理状况，提高土壤孔隙度，加强土壤氧化作用，调节土壤中水、热、气、养的相互关系，并消灭杂草及病虫等，为作物的种植和生长创造良好的土壤条件。通过合理耕整地，能够取得如下效果：

（1）使土壤疏松，孔隙度增加，减少地表径流，减少土壤水分蒸发，提高土壤的蓄水能力。

（2）能提高土壤的通气性能，使土壤中的二氧化碳和其他有害气体（硫化物和氢氧化物等）排出，利于作物的根系呼吸和生长，并能加速有机质分解，提高固氮量。

（3）使土壤水分和空气有所增加，能改善土壤的温热条件。

（4）对于质地较黏重，潜在养分较多的土壤，能促进土壤风化和释放养分。

（5）使肥料在耕作层中均匀分布。翻土覆盖肥料，可以提高肥效。

（6）将杂草、作物残茬覆盖于土中，有助于消灭杂草和害虫。将肥料、农药等混合在土壤中，有助于增加其效用。

二、耕整地机械的类型

耕整地机械包括耕地机械和整地机械。

1. 耕地机械

耕地机械是指对耕作层土壤进行加工整理的农业机械，其功用是：翻转和疏松耕作层，破碎土块，将地面的杂草、残根、农药、肥料、土壤改良剂和病菌、虫卵等翻入土中。

耕地机械主要有犁、旋耕机、微型耕耘机、耕整机、深松机等，耕地机械主要类型及用途见表1-1。

表1-1 耕地机械的主要类型及其用途

主要类型	图 片	用 途
铧式犁		适用于耕深在16～20cm的耕地作业
犁　深耕犁		主要用于中低产田开发，是丘陵山地、黄土高原、荒滩草地等作业犁具
水田犁		主要用于水田播种前的整地作业，也可以用于湿旱田播种前的整地作业

（续）

主要类型	图　片	用　途
栅条犁		适用于重黏土地的耕地作业
圆盘犁		适用于黏重、干硬、多石、多根的土壤
驱动圆盘犁		适用于黏重、干硬、多石、多根的土壤
耕耙犁		适用于耕深在 14～22cm 的耕地作业
滚子犁	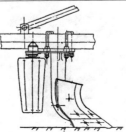	适用于沙土和壤土地区的耕地作业

犁

（续）

主要类型	图　片	用　途
犁　无壁犁		适用于耕深在 40～50cm 的耕地作业
翻转犁	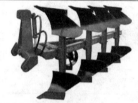	具有打破犁底层、恢复土壤耕层结构、提高土壤蓄水保墒能力、消灭部分杂草、减少病虫害、平整地表等作用
旋耕机　配轮拖旋耕机		可完成灭茬、深松、碎土、作畦、起垄、开沟、精量或半精量播种、深施化肥、铺膜、镇压和喷药等联合作业
配手拖旋耕机		适合于大棚内作业
微型耕耘机		适用于蔬菜大棚瓜类、烟草、茶和药材等经济作物的耕地作业；苗圃种植作业；草坪及牧草种植作业；葡萄园等果园种植作业

（续）

主要类型	图　片	用　途
耕整机　旱田耕整机		适用于旱田犁耕作业，同时兼有碎土作用
水田耕整机		适用于水田犁耕作业，同时兼有碎土作用
深松机		用于行间或全方位的深层土壤耕作

2. 整地机械

整地机械是指一种在耕地之后种植之前进行整地作业的机械。整地机械的功用是进一步破碎土块、疏松表层、平整地面、防旱保墒、覆盖肥料和杂草等。整地机械主要有：耙、镇压器、合墒机、起垄机等。整地机械的主要类型及其用途见表1-2。

表1-2　整地机械的主要类型及其用途

主要类型	图　片	用　途
耙　钉齿耙	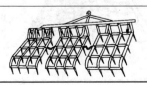	碎土平土能力较好，并能清除幼小的杂草，适于较松软的土壤上使用

（续）

主要类型		图　片	用　途
耙	圆盘耙		主要用于犁耕后松碎土壤
	缺口圆盘耙		用来除草或在收获后的茬地上进行浅耕和灭茬
	弹齿耙		用于疏松壤土和黏石灰质的地区的苗床准备工作
	滚子耙		在一定程度上兼有镇压器、耙、拖板的某些作用，可以使土壤表层破碎，同时可以使下层土壤得到一定压实
	网状耙	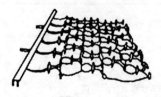	适用于犁耕后碎土，也适用于玉米、甜菜等作物的疏苗

（续）

主要类型	图　片	用　途
耙　水田耙		主要对水田抚平和平整
驱动耙		用于耕后整地，作业最大深度可达 25～29cm
镇压器	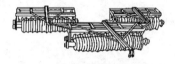	主要用于小麦播种后镇压、压碎土块、压紧耕作层、平整土地
合墒机	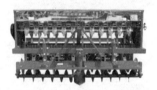	农田耕作后，进行平整作业，将犁地形成的土埂、深沟填平
起垄机		用于农田起垄

　　根据机械行业标准《农机具产品：型号编制规则》（JB/T 8574—2013），我国农机具共分为 14 个大类，其中耕整地机械即耕耘和整地机械属于第一大类，见表 1 - 3。

表1-3 耕整地机械的型号编制规则（JB/T 8574—2013）

大类（代号）	小 类	分类代号（大类+小类）	代表字	字母	主参数代号	计量单位
耕耘和整地机械（1） 1.犁	铧式犁	1L			犁体数+单犁体幅宽	个,cm
	深耕犁	1LH	深	SHEN	犁体数+单犁体幅宽	个,cm
	水田犁	1LS	水	SHUI	犁体数+单犁体幅宽	个,cm
	栅条犁	1LT	条	TIAO	犁体数+单犁体幅宽	个,cm
	圆盘犁	1LY	圆	YUAN	犁体数+单犁体幅宽	个,cm
	驱动圆盘犁	1LYQ	驱	QU	圆盘组数+单圆盘耕幅宽	个,cm
	耕耙犁	1LB	耙	PA	圆盘组数+单圆盘耕幅宽	个,cm
	滚子犁	1LG	滚	GUN	犁体数+单犁体幅宽	个,cm
	无壁犁	1LW	无	WU	犁体数+单犁体幅宽	个,cm
	翻转犁	1LF	翻	FAN	犁体数+单犁体幅宽	个,cm
耕耘和整地机械（1） 2.耙	钉齿耙	1B	耙	PA	工作幅宽	m
	圆盘耙	1BY	圆	YUAN	工作幅宽	m
	缺口圆盘耙	1BYQ	缺	QUE	工作幅宽	m
	弹齿耙	1BT	弹	TAN	工作幅宽	m
	滚子耙	1BG	滚	GUN	工作幅宽	m

（续）

大类 （代号）	小　　类	分类代号 （大类+小类）	代表字	字母	主参数代号	计量单位
2. 耙	网状耙	1BW	网	WANG	工作幅宽	m
	水田耙	1BS	水	SGUI	列数+工作幅宽	列，dm
	驱动耙	1BQ	驱	QU	工作幅宽	m
3. 旋耕机	配轮拖旋耕机	1G	耕	GENG	工作幅宽	cm
	配手拖旋耕机	1GS	手	SHOU	配套功率+工作幅宽	kW，cm
4. 微型耕耘机		1WG	微耕	WEIGENG	发动机标定功率+工作幅宽	kW，cm
5. 耕整机	旱田耕整机	1Z	整	ZHENG	工作幅宽	cm
	水田耕整机	1ZS	水	SHUI	工作幅宽	cm
6. 深松机		1SS	深松	SHENSONG	工作幅宽	cm
7. 镇压器		1Y	压	YA	工作幅宽	cm
8. 合墒机		1S	墒	SHANG	工作幅宽	cm
9. 起垄机		1Q	起	QI	垄数	垄

耕耘和整地机械（1）

在南方地区，广泛使用犁、旋耕机、圆盘耙、微耕机、耕整机、驱动耙等机具进行耕整地作业。另外，也可用开沟机和船式耕作机进行耕整地作业。

三、机械化耕整地作业性能指标

耕整地作业质量主要包括耕深、耙深、碎土、耕整后地面平整度、土垡翻转及肥料和秸秆残茬覆盖、漏耕或重耕、地头是否整齐等内容。

一般要求耕翻适时，翻垡良好，耕深一致，地表地沟平整，不漏耕重耕，地头整齐等。整地后的地表应平整，无大的土块，上虚下实，表面无杂物，少重耙，无漏耙。

1. 犁耕作业性能指标

犁耕作业性能指标主要包括耕深及耕宽稳定性、植被覆盖（旱耕）率、碎土率、作业速度、入土行程、牵引阻力等，《铧式犁》（GB/T 14225—2008）规定了犁耕作业性能指标，见表1-4。

表1-4 犁耕作业性能指标及合格标准

序号	性能指标		合格标准	
			犁体幅宽 >30cm	犁体幅宽 ≤30cm
1	耕深及耕宽稳定性（变异系数），%		≤10	
2	植被覆盖率（旱耕），%	地表以下	≥85	≥80
		8cm深度以下（旱田犁）	≥60	≥50
3	碎土率，%	旱田耕作（≤5cm土块），%	≥65	≥70
		水田耕作：断条，次/m	—	≥3.0
4	作业速度，km/h		>5	
5	入土行程，m	总耕幅>1.8	≤6	
		总耕幅≤1.8	≤4	
6	牵引阻力		不大于配套拖拉机额定牵引力	

2. 旋耕作业性能指标

旋耕作业性能指标主要包括耕深、耕深稳定性、耕后地表平整度、植被覆盖率、碎土率、功率消耗、纯工作小时生产率等，《旋耕机》（GB/T 5668—2017）规定了旋耕作业性能指标，见表1-5。

表1-5 旋耕作业性能指标及合格标准

序号	性能指标	合格标准	
1	耕深，cm	旱耕≥8；水耕≥10	
2	耕深稳定性，%	≥85	
3	耕后地表平整度，cm	≤5	
4	植被覆盖率，%	≥60	
5	碎土率，%	≥60	
6	功率消耗，kW	≤85%配套拖拉机的标定功率	
7	纯工作小时生产率，hm²/h	配套动力<18kW	≥0.12
		配套动力≥18kW	≥0.19

3. 深松作业性能指标

深松作业是指耕深大于30cm的耕地作业。深松作业性能指标主要有深松深度、深松深度稳定性、碎土率、土壤扰动系数、土壤膨松度等，《保护性耕作机械深松机》（GB/T 24675.2—2009）规定了深松作业性能指标，见表1-6。

表1-6 深松作业性能指标及合格标准

序号	性能指标	合格标准	
		非驱动式深松机	驱动式深松机
1	深松深度，cm	≥30	≥30
2	深松深度稳定性，%	≥80	≥80
3	碎土率，%	≥30	≥60
4	土壤扰动系数，%	≥50	≥50
5	土壤膨松度，%	10～40	10～40

4. 深松整地联合作业性能指标

深松整地联合作业是指超过常规耕层深度、上下土层基本不乱的松土作业。深松整地联合作业性能指标主要有耕深、耕深稳定性、植被覆盖率、碎土率、耕后地表平整度、土壤膨松度、土壤扰动系数等，《深松整地联合作业机》（JB/T 10295—2014）规定了深松整地联合作业性能指标，见表1-7。

表1-7　深松整地联合作业性能指标及合格标准

序号	性能指标		合格标准
1	耕深	深松，cm	≥25
		整地，cm	≥8.0
2	耕深稳定性	深松，%	≥80
		整地，%	≥85
3	植被覆盖率，%		≥60
4	碎土率	地表10cm内（≤4cm土块），%	60
		全耕层（≤8cm土块），%	65
5	耕后地表平整度，cm		≤4.0
6	土壤膨松度，%		10~40
7	土壤扰动系数，%		≥50

5. 耙地作业性能指标

耙地作业性能指标主要有耙地稳定性、碎土率、耙后地表标准差、耙后沟底平整度标准差、灭茬率、牵引功率利用率等，《圆盘耙》（JB/T 6279—2007）规定了耙地作业性能指标，见表1-8。

表1-8　耙地作业性能指标及合格标准

序号	性能指标	合格标准		
		轻耙	中耙	重耙
1	耙地稳定性变异系数，%	≤15.0	≤17.5	≤20.0
2	碎土率，%	≥70	≥60	≥55
3	耙后地表标准差，cm	≤3.5	≤4.0	≤4.5
4	耙后沟底平整度标准差，cm	—	≤4.0	≤4.0

（续）

序号	性能指标	合格标准		
		轻耙	中耙	重耙
5	灭茬率,%	—	≥80	≥80
6	牵引功率利用率,%	≥75	≥80	≥75

6. 耙浆平地作业性能指标

耙浆平地作业性能指标主要有耙深、碎土率、植被覆盖率、作业后地表平整度等,《驱动型耙浆平地机技术条件》(NY/T 507—2002)规定了耙浆平地作业性能指标,见表1-9。

表1-9 耙浆平地作业性能指标及合格标准

序号	性能指标	合格标准
1	耙深,cm	≥8
2	碎土率,%	≥80
3	植被覆盖率,%	≥70
4	作业后地表平整度,%	≥80

四、机械化耕整地技术

选用不同的耕地整地机械进行作业,其技术要求亦不同,几种机械化耕整地技术见表1-10。

表1-10 几种机械化耕整地技术

机械化耕整地方式	技术要求
机械翻耕 	机械翻耕就是使用犁等农具将土垡铲起、松碎并翻转的一种土壤耕作方法。 一般在作物收获后及早翻耕,有利于提高整地质量。翻地耕深为16～22cm。深翻作业一般以拖拉机配套铧式犁或双向翻转犁进行。机械深翻宜在秋季收获后进行,以便接纳雨雪水。春季深翻则易造成散墒跑墒。

（续）

机械化耕整地方式	技术要求
机械旋耕 	机械旋耕是以旋转刀齿为工作部件与配套拖拉机驱动完成土壤耕、耙的作业方法。因其具有碎土能力强、耕后地表平坦等特点，而得到了广泛的应用。 机械旋耕适用于前茬为深松或深翻的旱田软茬地或水田的浅层耕作。旋耕作业耕深12～15cm，碎土能力强，地表平整，秸秆、根茬粉碎覆盖严密，一次旋耕能达到一般犁耕和耙地作业几次的碎土效果，耕层透气透水，有利于作物根系发育，其板状犁底层有保水作用。
机械深松整地 	机械深松整地就是用深松铲或凿形犁等松土农具疏松土壤而不翻转土层的一种耕作方法。 用拖拉机配套相应的间隔深松机或全方位深松机进行深松作业。主要适用于旱田整地，一般3～4年进行一次。深松深度以打破犁底层为原则，一般为25～35cm。
机械耙地 	耙地是指未耕地或犁耕地用各种耙地机械进行平整土地的一种作业。耙深一般4～10cm。
机械耙浆平地 	耙浆平地用于水田耕翻泡田后碎土耙浆、压茬平地的联合作业。目前，采用新型水田刀的耙浆平地机具，在稻茬地灌水泡田24h以上，田面水深3～5cm，土壤松软后即可直接作业，实现秸秆、根茬和绿肥的翻埋覆盖，达到作业后埋茬严密、田面平整、土壤起浆好的要求。

（续）

机械化耕整地方式	技术要求
激光平地 	采用激光平地系统进行平地作业。激光发射器发出一定直径的基准圆平面，装在刮土铲支撑杆上的接收器将采集到的信号经控制器处理后控制液压执行机构，液压执行机构控制刮土铲上下移动，即可完成土壤平整作业，其平整土壤精度在 2cm 左右。

第二节　犁的选择与安全使用

一、犁的类型

犁是最古老、最常用的耕地工具。人类应用犁已有数千年的历史。刘仙洲在《中国古代农业机械发明史》中认为，中国在 3 200 年前已经用牛拉犁进行耕作。

犁主要有铧式犁和圆盘犁两大类型，其中铧式犁应用甚广，圆盘犁应用较少。犁的种类很多，可以从各个方面划分成若干不同的体系，其分类图 1-1 所示。

1. 按与拖拉机挂结方式分

可分为悬挂犁、牵引犁和半悬挂犁。

（1）悬挂犁　通过悬挂架与拖拉机的三点悬挂机构连接，靠拖拉机的液压悬挂机构升降。悬挂犁结构紧凑、机动性强，是生产中应用最广的类型。除了部分旱地犁外，南方的水田犁因水田田块一般较小，都采用悬挂犁。

图 1-2 所示为南方系列水田四铧悬挂犁。有的悬挂犁没有支地撑杆，而用一限深轮保持停放稳定。在拖拉机液压悬挂机构进行高度调节时，限深轮还用来控制耕深。

手扶拖拉机犁也都采用悬挂式，结构紧凑，重量轻，靠手动升降机构控制犁的升降。

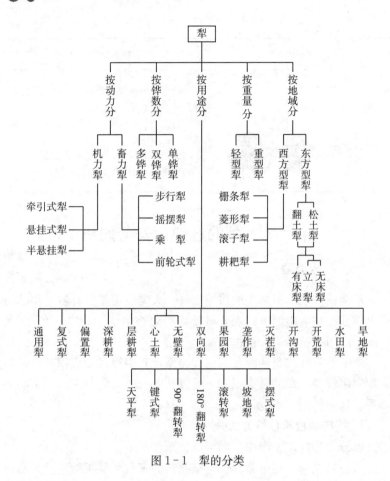

图 1-1 犁的分类

（2）牵引犁 与拖拉机间以单点挂结，拖拉机的挂结装置对犁只起牵引作用。这种挂结方式对拖拉机和犁之间的配合要求简单，所以发展最早。牵引犁由牵引架、犁架、犁体、机械或液压升降机构、调节机构、行走轮、安全装置等部件组成（图 1-3）。耕地时，借助机械或液压机构来控制地轮相对犁体的高度，从而达到控制耕深及水平的目的。

（3）半悬挂犁 半悬挂犁是在悬挂犁基础上发展起来的新机型。随着现代拖拉机功率的不断提高，所配的犁越来越宽，纵向长

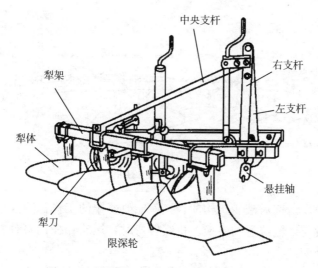

图 1-2　悬挂犁（南方系列悬挂水田四铧犁）

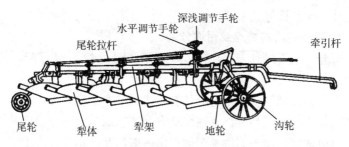

图 1-3　牵引犁（机械式升降）

度也越来越长，这就使得拖拉机在田头提升悬挂犁转弯以及路上行走时的纵向稳定性和操向性受到影响。为了解决这个问题，出现了介于悬挂犁与牵引犁之间的半悬挂犁，如图 1-4 所示。

　　半悬挂犁的前部像悬挂犁，通过悬挂架与拖拉机液压悬挂系统相连，但悬挂架与犁架之间不是固定在一起而是杆件铰接。因此液压提升机构提起时，只是犁的前端被提起。犁的后端像牵引犁一样设有限深轮及尾轮机构，通过液压油缸来改变尾轮相对于犁

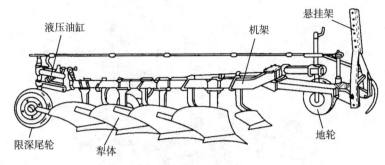

图 1-4 半悬挂犁

架的高度。前后液压机构配合，就能改变犁的工作深度及实现工作位置与运输位置的转换。机组转弯时，尾轮在操向杆件控制下自动操向。

半悬挂犁的优点也是介于牵引犁与悬挂犁之间。它比牵引犁结构简单、重量轻、机动灵活、易操向；比悬挂犁能配置更多犁体，稳定性、操向性好。

2. 按犁的结构特点或用途分

可分为普通犁、双向犁、调幅犁、圆盘犁、偏置犁、耕耙犁等。

（1）普通犁　普通犁是指具有铧式犁基本工作部件，用于一般目的的旱地、水田犁等。普通犁具有犁架、圆犁刀、小前铧、主犁体等主要部件。圆犁刀协助犁体切出侧面沟壁；小前铧将表层右前方的表土层和残茬杂草翻至沟底，提高覆盖性能；主犁体和圆犁刀、小前铧一起，完成对土壤的切割与翻转工作。

主犁体是犁不可缺少的主要工作部件。有些犁为了结构紧凑，没有圆犁刀和小前铧。除了以上部件外，铧式犁还可有限深轮、调节机构、安全机构、升降机构等附件。

前面介绍的悬挂犁、牵引犁和半悬挂犁均为普通犁。

（2）双向犁　普通犁只能向一个方向翻垡，而双向犁可向左右两个方向翻土。当犁在机组的往返行程中分别向左和右翻土时，实际上土垡均向一侧翻转，耕后地表平整，没有沟垄。另外，在斜坡耕作时，沿等高线向下翻土，可减少坡度。

双向犁的类型较多，但其基本类型大至分为两种：一种是采用单犁体（对称式犁体）进行换向；另一种是采用两个犁体，进行翻转换向，这种犁又名翻转犁。

①单犁体双向犁。可分为绕水平轴旋转和绕垂直轴旋转两种。

绕水平轴旋转的双向犁如图 1-5 所示，采用对称型窄垡犁体，犁铧为等边三角形，犁壁翼部凸起呈对称形，两者装在一个可绕水平轴转动的犁托上，这样犁体曲面可相对犁柱向左右偏转一角度，以满足左右翻土的要求。犁架焊接成扇形框架，框架上端安装悬挂架，犁梁前端卡在框架弧形板上，构成犁梁的前支点。当犁体换向时，犁梁也在弧形板上滑动，以改变犁梁的位置，适应犁体换向的需要。

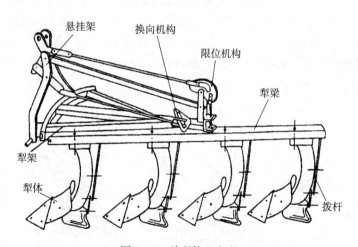

图 1-5　单犁体双向犁

绕垂直轴旋转的双向犁采用两块固定不动的壁翼，犁铧和犁胸部制成对称型，固定在绕垂直轴旋转的犁托上。

②双犁体双向犁。结构如图 1-6 所示，它有左翻和右翻两套犁体，在耕地往返行程中使用，其翻转方式有全翻式（180°翻转）

和半翻式（90°翻转）两种。

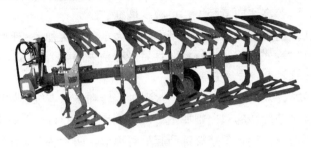

图 1-6　双犁体双向犁（翻转犁）

（3）栅条犁　普通犁的犁壁是由整块钢板制成，在耕作黏重土壤时，不容易脱土，因此有些犁的犁壁制成栅条式，如图 1-7 所示。

栅条犁由于犁壁与土壤的接触面较小且不连续，比较容易脱土，工作阻力也比较小。另外，栅条犁的犁壁往往是可调节的，只要改变插孔，即可改变犁壁的曲率。插入 A、B 两孔时，曲面变陡，碎土性能好；插入 C、D 两孔时，性能则相反；插入 B、C 孔，曲面扭曲小，垡片翻转较少，抛得较远；插入 A、D 孔则相反，曲面扭曲大，覆盖性能好。

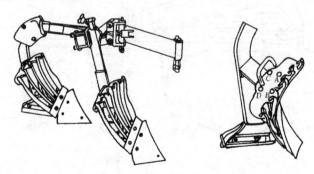

图 1-7　栅条犁（主要与手扶拖拉机配套）

（4）调幅犁　调幅犁的工作幅宽可根据配套动力和土壤比阻的大小，在一定范围内可方便地调节，以适应土壤条件及耕作要求改变时，对拖拉机牵引力要求的变化，提高拖拉机的工作效率，降低油耗。调幅犁已成为目前犁的一个重要发展趋势。

调幅犁的基本原理如图1-8所示。犁的工作幅宽的调节是通过改变犁体间的重叠量来实现。通过调节机构改变犁的主梁与前进方向的夹角 α，就能改变犁间的重叠量。α减小时，重叠量增加，耕宽减小；α增大时，重叠量减小，耕宽增加。

图1-8 调幅犁

（5）圆盘犁 是利用球面圆盘完成切土、翻土及碎土作业的耕地机械，其工作部件是带有刃口的球面圆盘。圆盘犁盘片直径较大，一般为600～700mm。由于刃口的滑切作用较大，圆盘破碎土块、切断草根和作物残茬的能力较强。

根据圆盘的驱动方式不同，圆盘犁分牵引型和驱动型两种。

①牵引圆盘犁。又称普通型圆盘犁，牵引型圆盘犁由圆盘、刮土板、犁架、悬挂架及尾轮等组成（图1-9a）。牵引型圆盘犁工作时，由于刀盘盘面与前进方向和垂直面都成一定的角度，在牵引力和土壤反力的作用下，刀盘绕自己的轴回转，土壤被切割和移动，沿盘面升起，并在刮土板的辅助作用下翻转（图1-9b）。

②驱动圆盘犁。一般由工作部件、传动部件、悬挂架、主梁和尾轮等组成（图1-10）。工作部件为一组斜置的圆盘犁体，圆盘按一定间距沿一根通轴或方轴配置，用钢管夹紧，工作时圆盘组作为一个整体旋转。

（6）圆盘-栅条犁 在南方与手扶拖拉机配套的两铧水田犁中，采用了一种圆盘-栅条组合犁，即前犁体采用圆盘犁体，后犁体采用栅条犁体。

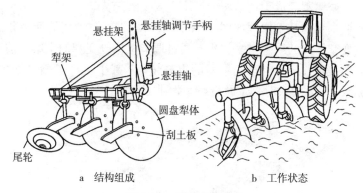

a 结构组成　　　　b 工作状态

图 1 - 9　牵引型圆盘犁

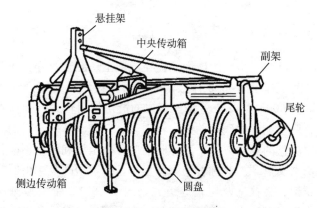

图 1 - 10　驱动型圆盘犁

　　旱耕时，采用双栅条犁组，翻垡覆盖整齐；水耕时，采用圆盘—栅条犁，见图1-11。将前面栅条犁体拆下，松开 U 形螺丝，把八孔法兰盘换转45°至另一组孔，然后插上 U 形螺丝，拧紧螺母后装上圆盘犁体。后犁体改装大犁踵，以平衡圆盘犁体工作时产生较大的侧压力。

　　与手扶拖拉机挂结时，用牵引插销将犁挂结在拖拉机牵引装置的销孔内，装上弹簧销，再将犁架上的吊耳与犁耕操纵杆组件的起落拉杆连接。驾驶员可以坐在座位上操纵组合犁工作。

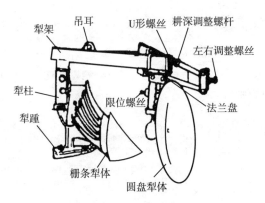

图 1-11 圆盘-栅条组合犁

（7）耕耙犁 耕耙犁按其碎土器的配置方式不同，可分为分组立式、分组卧式和整组卧式三种耕耙犁。其中分组立式耕耙犁国内外应用较多，如图 1-12 所示。它是将每个犁体的翼部截短，在犁体侧上方各装一个立式旋转碎土部件，由拖拉机的动力输出轴经传动装置驱动。工作时，耕起的土垡在未落地之前，被旋耕刀片打碎，达到翻土和碎土的目的。具有耕得深、盖得严、碎得透、生产率高的优点。

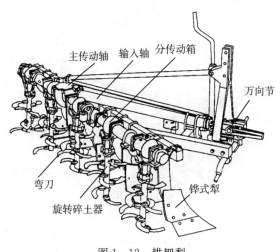

图 1-12 耕耙犁

二、犁的型号

根据《农机具产品型号编制规则》（JB/T 8574—2013），犁的型号依次由分类代号、特征代号、主参数代号和改进代号4部分组成，其编制规则为：

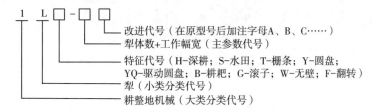

改进代号（在原型号后加注字母A、B、C……）
犁体数+工作幅宽（主参数代号）
特征代号（H-深耕；S-水田；T-栅条；Y-圆盘；YQ-驱动圆盘；B-耕耙；G-滚子；W-无壁；F-翻转）
犁（小类分类代号）
耕整地机械（大类分类代号）

型号标识示例：

1L‑535——表示5铧、单犁体工作幅宽为35cm的铧式犁。

1LS‑427——表示4铧、单犁体工作幅宽为27cm的水田犁。

三、犁的构造

犁主要由犁体、犁架、牵引装置或挂结装置等基本部件组成，有的犁还配有犁刀、小前铧、深松铲、超载安全装置、调节机构等部件（图1‑13）。南方犁一般不安装小前铧。

图1‑13 犁的构造

四、悬挂犁的挂结

悬挂犁通常与拖拉机以三点悬挂组成机组，悬挂架上的上下悬挂点各有多个挂结孔位，使用时应根据土壤条件、耕作要求、机组类型及其技术状态分析选用。

在纵垂面内，选择悬挂参数时应使瞬时回转中心 π_1 位于机组的前方（图 1-14），因为 π_1 的位置影响犁的入土性、耕深稳定性、牵引性能和运输通过性能，只有正确的挂结，才能使犁有适宜的入土角，满足运输通过性的要求，保证耕深的稳定性。

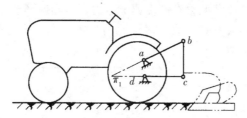

图 1-14　悬挂犁挂结在垂直面内的要求

在水平面内，选择悬挂参数时也应注意使瞬时回转中心 π_2 位于机组的前方，因为 π_2 的位置影响犁的耕宽稳定性、机组的直线行驶性。如果瞬心位于作业机组的后方，将加剧耕宽的不稳定性。而且机组的直线行驶性要求瞬心 π_2 与阻力中心 Z 的连线通过动力中心 D，且平行于拖拉机前进方向（图 1-15）。在这种理想状态下，拖拉机不承受侧向力和回转力矩，以保证机组处于正牵引状态。

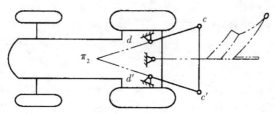

图 1-15　悬挂犁挂结在水平面内的要求

五、悬挂犁的调整

悬挂犁耕地前，应进行田间试耕调整。通过调整，使犁的耕深满足农业技术要求，各犁体耕深一致，耕幅稳定，以保证耕地质量。

悬挂犁的调整包括耕深调整、耕宽调整、水平调整、入土角调整、偏牵引调整、正位调整等。其调整是通过拖拉机液压悬挂系统和犁的悬架共同来完成。

1. 耕深调整

悬挂犁的耕深调整取决于其配套的拖拉机液压悬挂系统的型式。悬挂犁的耕深调整有高度调节、力调节和位调节三种方式。对于采用高度调节方式，改变限深轮与犁体的相对位置可改变耕深。对于力、位调节，改变力、位调节手柄的位置，就可以调节耕深。手柄向下，耕深增加；反之，则耕深减小（图1-16）。

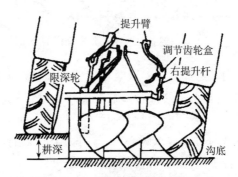

图1-16 耕深调整与水平调整

2. 水平调整

犁在耕地过程中犁架在前后、左右方向与地面不平行时，各犁体耕深一致性受到影响，需要进行水平调整。包括犁架的前后水平调整和左右水平调整。

（1）前后水平调整 犁架的前后水平调整是通过调整拖拉机液压悬挂机构的上拉杆长度实现的。当犁架前低后高时即前犁深后犁浅，可将上拉杆调长，使犁架后部降低，尾铧耕深增加，使各犁体在前后方向的耕深趋于一致。

（2）左右水平调整 犁架的左右水平调整是通过调整拖拉机液压悬挂机构的右提升杆的长度实现的。轮式拖拉机在耕地时，如右轮走在深沟里，左轮走在未耕地上，为使犁架左右保持水平，就必须转动手柄，将右提升杆缩短。在耕第一犁时，拖拉机的左、右轮子都走在未耕地上，这时应将右提升杆放长。

3. 入土角调整

为使犁具有良好的入土性能，当犁开始入土，即第一犁体铲尖着地时，犁侧板底面与地面的夹角（即入土角）应为3°～5°（图1-17a）。达到规定耕深时，犁侧板底面应保持水平。若犁不能入土，只要缩短悬挂机构上拉杆的长度，即可增大犁的入土角，缩短入土行程（指最后犁体铲尖着地点至该犁体达到规定耕深时，犁的前进距离），减小地头（图1-17b）。

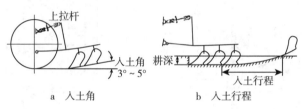

a 入土角   b 入土行程

图1-17 犁的入土角及入土行程

4. 耕宽调整

多铧犁的耕宽调整，就是改变第一铧犁实际耕宽，使之符合规定要求。在犁耕中，因土壤条件、犁的技术状态或挂结调整不当等原因，造成第一铧耕宽偏大或偏小，形成重耕或漏耕、接垡不平、耕地质量降低等问题，所以需进行耕宽调整。悬挂犁的耕宽调整是通过改变下悬挂点与犁架的相对位置，使犁侧板与机组前进方向成一倾角来实现的。

5. 偏牵引调整

拖拉机犁耕机组工作时，拖拉机产生自动摆头的情况，称为偏牵引现象。调整偏牵引的方法是通过调节下悬挂点相对犁架的位置，使牵引阻力线 P_x（瞬心 π_2 与阻力中心 Z 的连线）与动力中心 D 线平行，其间距为 e，并保持耕宽不变（图 1-18）。

6. 正位调整

当犁耕机组处于偏牵引作业时，若牵引线过于偏斜，使犁侧板压力过大，则应在不造成明显偏牵引现象的前提下，适当调整牵引线的方向，即进行正位调整（图 1-19）。如因土壤松软，犁侧板压入沟墙过深，则可在犁侧板与犁托之间放置垫片，以增大犁侧板与机组前进方向的偏角，使犁走正。

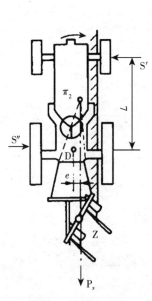

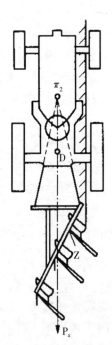

图 1-18 偏牵引调整   图 1-19 正位调整

六、犁耕作业技巧

1. 犁耕作业方法

犁耕作业方法有内翻、外翻、套翻等多种。通常小块地采用内翻或外翻法，大块地采用套翻法，如图 1-20 所示。

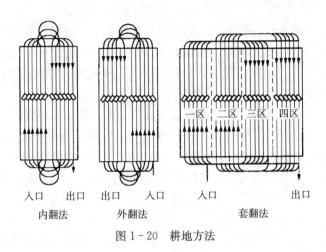

图 1-20 耕地方法

（1）内翻法 又称闭垄法，机组在耕区中线左侧耕第一犁，到地头起犁后，向右转弯，从中线右侧返回耕第二犁，由内向外依次循环耕作。其特点为耕完时在耕区中间形成一条闭垄，地边形成两条犁沟。

（2）外翻法 又称开垄法。机组在耕区右侧右边耕第一犁，到地头后左转至耕区左边返回耕第二犁，由外向内循环耕作。其特点为耕区中间形成犁沟，而地边形成两条闭垄。

（3）套翻法 是把耕区分成几个小区，进行套耕。其特点为耕区的沟垄少，空行程少，机组避免了环形小转弯。

2. 开地头线

作业前为了使犁起落一致，犁铧易入土，减少重耕、漏耕，耕地机组在地头容易转弯，以提高耕地质量和工作效率，应在地块两头留出一定的宽度，用犁耕出地头线。牵引机组地头宽为机组长度 1.5~2.0 倍；悬挂机组地头宽约为拖拉机长的 1.5~2.0 倍。

3. 耕地头

在耕区两侧留出与地头等宽的地边不耕，最后将地头与地边连起来转圈耕完，在四角处起犁转弯。

七、犁安全使用技术

（1）犁耕机组作业时，落犁起步须平稳，不准操作过急，不允许过猛操作，不准用人体加重迫使犁铧入土。作业中转移地块及过田埂应慢行。悬挂犁运输时，应固定好升降手柄，适当调紧限位链，缩短上拉杆，使第一犁铲离地面 25cm 以上。

（2）正常作业时，无耕深自动调节装置的犁，液压操纵手柄应放在浮动位置，不应在"压降"位置；带耕深自动调节装置的犁，根据土壤比阻和地表起伏情况，正确选用位调节和力调节操纵手柄。

（3）犁未提升前，严禁拖拉机转弯与倒退，严禁绕圈耕地。

（4）不应用脚蹬或用手扳月牙铁的方法起落牵引犁。

（5）牵引犁耕作业，拖拉机驾驶员与农具手之间要有信号联系。拖拉机驾驶员应经常注意农具的工作情况及农具手的动态。

（6）牵引犁作业时，农具手应坐在规定的座位上，其座位、踏板应牢固可靠，其他部位不应有人，严禁站在拖拉机或犁的牵引装置上，或从座位上跳下。

（7）牵引犁机组不准较长距离倒退行驶。短距离倒退时，尾轮滚动方向必须与倒退方向一致。

（8）牵引犁拉杆上的安全销，只允许用低碳钢材料加工更换，不准用其他材料代替或随意改变尺寸。

（9）转移地块或运输时，必须将犁的工作机构升到最高位置加以锁定，使农具处于运输位置，调紧限位链。长距离转移时要卸去犁铲和抓地板。运输途中，犁上不准坐人或放置重物。禁止高速行驶和急转弯。

（10）更换犁铲或排除犁的故障时，拖拉机应先熄火或解除挂钩。

（11）停车后应使悬挂机具着地，不允许经常处于悬挂状态停放。

（12）机车和牵引犁之间要有保险绳，驾驶员应经常注意农具工作情况。

（13）犁耕机组作业时，落犁起步须平稳，不准操作过急。

（14）牵引装置上的安全销折断时，不准用高强度钢筋代替或随意改变尺寸，应用直径10mm的低碳钢销子。

（15）靠近地边作业时，犁不准接触石坎田埂。

第三节　旋耕机的选择与使用

一、旋耕机的类型

旋耕机是一种由拖拉机动力强制驱动旋耕刀辊完成土壤耕、耙作业的机具。其切土、碎土能力强，能切碎秸秆并使土肥混合均匀。一次作业能达到犁、耙几次的效果，耕后地表平整、松软，能满足精耕细作的要求。适用于我国南方地区秋耕稻茬田种麦，水稻插秧前的水耕水耙。旋耕机对土壤湿度的适应范围较大，凡拖拉机能进入的水田都可进行耕作；还适于盐碱地的浅层耕作，以抑制盐分上升，以及围垦荒地灭茬除草、牧场草地浅耕再生等作业。

旋耕机按照工作部件旋耕刀辊的方向分为卧式旋耕机和立式旋耕机两大类。常用的为卧式旋耕机。

卧式旋耕机（以下简称为旋耕机）按照产品标准《旋耕机》（GB/T 5668—2008）和《手扶拖拉机配套旋耕机　第1部分：技术条件》（JB/T 9798.1—2011）的规定可进行如下分类。

1. 与轮式拖拉机配套的旋耕机（图1-21）

（1）按与拖拉机连接方式分　可分为：悬挂式、半悬挂式、直联式。

（2）按结构型式分　可分为圆梁型和框架型，圆梁型可分为轻小型、基本型和加强型。框架型可分为单轴型和双轴型。

（3）按最终传动型式分　可分为：中间传动、侧边传动。

2. 与手扶拖拉机配套的旋耕机（图1-22）

按最终传动型式可分为：中间传动、侧边传动。通常卧式旋耕机刀辊的旋向同拖拉机前进时驱动轮的旋向一致，称为正转。普通卧式旋耕机大多为正转旋耕机。

　　另一种用于秸秆、绿肥埋茬还田作业的卧式旋耕机，其刀辊的旋向同拖拉机前进时驱动轮的旋向相反，称为反转旋耕机。

图 1 - 21　与轮式拖拉机配套的旋耕机

图 1 - 22　与手扶拖拉机配套的旋耕机

二、旋耕机的型号

1. 旋耕机（除手扶拖拉机配套旋耕机外）的型号

按照现行产品标准规定的型号编制方法，其产品型号通常为：

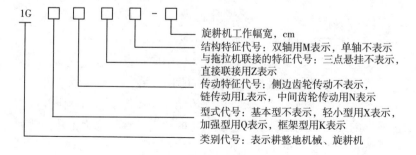

旋耕机工作幅宽，cm

结构特征代号：双轴用M表示，单轴不表示

与拖拉机联接的特征代号：三点悬挂不表示，直接联接用Z表示

传动特征代号：侧边齿轮传动不表示，链传动用L表示，中间齿轮传动用N表示

型式代号：基本型不表示，轻小型用X表示，加强型用Q表示，框架型用K表示

类别代号：表示耕整地机械、旋耕机

型号标识示例：

1GXZ-125——表示工作幅宽125cm，直接连接，侧边齿轮传动轻小型旋耕机。

1GKN-180——表示工作幅宽180cm，中间齿轮传动，三点悬挂，框架式旋耕机。

1GKNM-200——表示工作幅宽为200cm，后刀轴旋耕为中间齿轮传动，前刀轴为常见侧边齿轮传动，三点悬挂，双轴型框架式旋耕机。

2. 手扶拖拉机配套旋耕机的型号

按照现行产品标准规定的型号编制方法，其产品型号通常为：

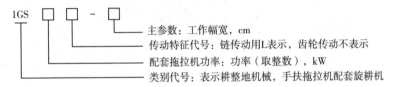

型号标识示例：

1GS9L-60——工作幅宽为60cm，链传动，配8.8kW手扶拖拉机配套旋耕机。

3. 反转旋耕机的型号

均在其型号后加字母"F"，表示为反转。如1GF-160表示：工作幅宽160cm，侧边齿轮传动，三点悬挂的反转旋耕机。

三、旋耕机的构造

旋耕机主要由机架、传动装置、刀辊、挡土罩及平土拖板组成（图1-23）。

旋耕机工作时，一面在拖拉机的牵引下前进，同时拖拉机输出的动力经传动装置驱动刀辊旋转，旋耕刀在前进和旋转过程中不断切削土壤，并将切下的土块向后抛掷与挡土罩相撞击，使土块进一步碰碎后落到地面，并利用平土拖板将地面刮平，以达到碎土充分，地表平整（图1-24）。

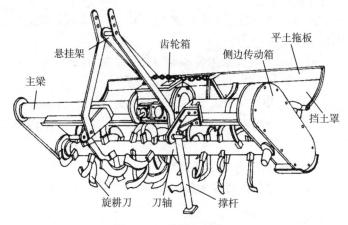

图 1-23 旋耕机的构造

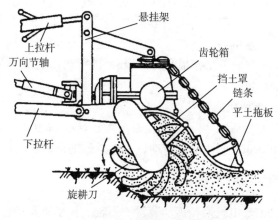

图 1-24 旋耕机工作过程

四、旋耕机的挂接

除手扶拖拉机配套旋耕机与拖拉机为直接连接外，大多数旋耕机产品与拖拉机的连接方式为三点悬挂。机具是通过拖拉机的液压悬挂机构挂接在拖拉机后面，拖拉机输出轴通过万向节传动轴与旋耕机的输入轴相连，旋耕机的升降由拖拉机液压系统控制。

1. 与轮式拖拉机配套挂接

与轮式拖拉机配套的三点悬挂式旋耕机挂接时，应先切断动力输出轴动力，取下拖拉机动力输出轴罩盖，倒车把机具上下悬挂臂与拖拉机上下拉杆连接并用专用销锁定，然后将带有方轴的万向节装入旋耕机传动轴上，提起旋耕机，用手转动刀轴看其运转是否灵活，再将带方套的万向节套入方轴内，并缩至最小尺寸，以手托住万向节套入拖拉机动力输出轴固定；万向节装好后，应将安全插销对准花键轴上的凹槽插入，再用开口销锁定。

万向节传动轴的两端连接应保证：两端对应的夹叉平面要求平行，如图 1-25 所示。

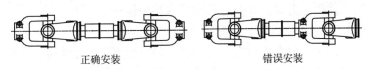

正确安装　　　　　　　错误安装

图 1-25　万向节传动轴的安装

2. 与手扶拖拉机配套挂接

与手扶拖拉机配套的旋耕机挂接时，应将拖拉机前倾，拆下牵引框，用 5 个双头螺栓将旋耕机固定在变速箱上。注意两接合面上的 2 个定位销应对正，以保证装配后的齿轮正确啮合。安装时若旋耕机内的齿轮与变速箱内的齿轮相顶，不可硬压硬敲，应盘动一下皮带轮，使变速箱内齿轮转动一个角度再安装。另外，应保证与变速箱连接处的纸垫厚度为（0.5±0.05）mm，过厚或过薄都会影响两者啮合齿轮的啮合间隙。在拆下旋耕机时，要用护罩将变速箱接合面盖好，以防杂物落入箱内。

五、旋耕机作业机组的调整

1. 耕深调整

手扶拖拉机旋耕机的耕深调整，用尾轮和滑橇（水耕时用）控制。轮式拖拉机配套旋耕机的耕深调整，是利用液压升降装置来控制。设有限深轮的旋耕机（拖拉机的液压悬挂系统只完成升降动作），由限深轮调节耕深。为减轻机重，一些旋耕机没有限深装置，耕深调节由拖拉机液压悬挂系统的操纵手柄控制。当旋耕机与具有力、位调节液压系统的拖拉机配套时，禁用力调节，应把力调节手柄置于提升位置，由位调节手柄进行耕深调节。

2. 碎土性能调整

旋耕机的碎土性能与拖拉机的前进速度和刀轴的转速有关。当拖拉机的前进速度一定时，刀轴转速越快，土块细碎；刀轴转速慢，则土块粗大。刀轴转速一定时，拖拉机前进速度慢，土块细碎；拖拉机前进速度快，则土块粗大。此外，大型旋耕机挡土罩后面的拖板是可调节的。调节拖板位置高低，也能影响碎土和平土的效果。使用时可根据需要将其固定在某一位置上。

3. 左右水平调整

拖拉机停放在平地上，将旋耕机降下使刀尖接近地表，视其左右刀尖离地高度是否一致，若不一致调节拖拉机右下拉杆高低，使旋耕机处于水平状态，以保证左右耕深一致。另外，左右耕深不一致，也是造成旋耕机工作中产生偏悬挂的原因之一。

对于侧边传动旋耕机，通常由于左右重量不一致，作业时往往出现左右耕深不均匀，在耕前调整时适当将侧边箱体一侧稍稍调得高一些，有利于保证旋耕机左右耕深均匀。调整以试耕结果为准。

4. 万向节前后夹角的调整

将旋耕机降到要求耕深时，视其万向节传动轴总成前后夹角是否水平，夹角是否最小，前后夹角是否相等，可用调节上拉杆长度的方法，保持万向节前后夹角最小，使之处于最有利的工作状态。

5. 提升高度调整

由于万向节不宜在夹角较大的情况下长期工作，所以提升高度不宜过大，一般在田间工作地头转弯提升时，只需使刀尖离地20cm左右即可，可以不切断动力输出转弯空行，如遇过沟、田埂或在道路上运输时需切断动力输出，提升到较高位置。在田间工作时要求作提升最高位置的限制，在位调节扇形板上适当位置固定限位螺钉，使位调节手柄在提升时每次都处于同一位置，达到相同的提升高度。手扶拖拉机配套旋耕机运输状态，将尾轮调整到最低位置，使旋耕刀升到运输位置。

六、旋耕机作业的耕作路线

1. 平耕

一般对称配置的旋耕机，其工作幅宽能覆盖配套拖拉机的后轮外缘，耕地时可任意回转，方向不受限制。当旋耕机偏置时（一般是旋耕机向拖拉机的右侧偏置），旋耕机组应从地块的右侧进入，以逆时针方向回转耕作，以避免拖拉机轮子碾压已耕地。

在大田耕作时，为了减少地头空行时间，采用小区套耕法来提高工效（图 1-26）。小区尽可能接近耕幅的整倍数，以减少重耕。小区的宽度一般为 15m 左右，若太宽，则地头空行时间长，工效低，地头重复次数多，泥脚深。地头耕完后，四个地角必须倒车至地边放下旋耕机，再挂上工作挡，将地角逐一耕完。

中、小块田地的平耕可参照小区套耕法中的一个或几个单元耕作之。

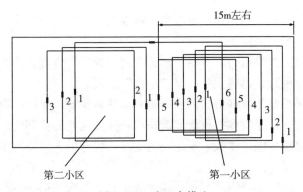

图 1-26　小区套耕法

2. 开沟、筑畦的耕作方法

一般从田中间开始，左右向外回转耕作，须注意走直。地头的耕法和平耕法一样。

七、旋耕机安全使用技术

旋耕机与具有力调节、位调节液压悬挂机构的拖拉机配套时，悬挂机构的使用方法及安全操作规程如下：

①拖拉机挂结旋耕机工作时，禁止使用力调节，以免损坏旋耕机。

②工作时，使用位调节，必须将力调节手柄固定在"提升"位置。

③欲使旋耕机下降，可将位调节手柄向前下方移动，反之可使旋耕机上升。

④当旋耕机达到所需耕深后，用定位手轮将位调节手柄挡住，以利旋耕机每次都下降到相同深度。

旋耕机与具有分置式液压悬挂机构的拖拉机配套时，悬挂机构的使用方法和安全操作规程如下：

①下降旋耕机时，手柄应迅速扳到"浮动"位置，不要在"压降"位置停留，以免损坏旋耕机。工作时分配器手柄置于"浮动"位置。

②旋耕机入土到适当深度后，将油缸活塞杆上的定位卡箍调整在一定位置上固定下来。

③提升旋耕机时，手柄应迅速扳到"提升"位置，当旋耕机升到预定高度后，再将手柄扳至"中立"位置。

带限深轮和限深滑板的旋耕机，调整耕深时，要同时调整限深装置的位置。手扶拖拉机配套旋耕机耕深由尾轮高低调整。升高尾轮，旋耕机耕深可变大，反之，则变浅。耕深由人工控制手柄高低调整。

前进速度选择的原则是：首先满足碎土要求和沟底平整，既要保证耕作质量，又要充分发挥拖拉机的功率，从而达到高产、优质、低耗的目的。

一般情况下，旋耕时前进速度为 2～3km/h，耕后耙地前进速度可选高些。

旋耕机作业机组转弯时，必须把旋耕机提起。禁止在耕作中转弯，否则将导致刀片变形、断裂，甚至损坏旋耕机或拖拉机。

旋耕机使用前必须观看机具上张贴的安全警示标志，如图 1-27 所示。

图 1-27 旋耕机安全警示标志

第四节 圆盘耙的选择与安全使用

一、圆盘耙的类型

耙是古老的农具之一，北魏时期的《齐民要术》中就对耙有所记载。

圆盘耙主要用于犁耕后的碎土和平地，也可用于搅土、除草、混肥、浅耕以及播种前或果园的松土、除草和飞机撒播后盖种等作业，是牵引型表土耕作机具中应用最广泛的一种机具。

圆盘耙的种类很多，可按机重、直径、配置和挂结形式等进行分类。

1. 按耙片的机重和直径分

有重型、中型和轻型三种，其外形结构如图1-28所示，各种结构参数及适用范围参见表1-11。

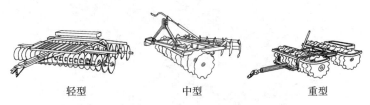

轻型　　　　　　中型　　　　　　重型

图1-28　圆盘耙的类型

表1-11　圆盘耙的分类

类型	轻型圆盘耙	中型圆盘耙	重型圆盘耙
单片机重，kg	15～25	20～45	50～65
耙片直径，mm	460	560	660
耙深，cm	10	14	18
每米幅宽的牵引阻力，kN/m	2～3	3～5	5～8
适应范围	适用于壤土的耕后耙地、播前松土，也可用于轻壤土的灭茬	适用于黏壤土的耕后耙地，也可用于壤土以耙代耕	适用于开荒地、沼泽地和黏重土壤的耕后耙地，也可用于黏壤土的以耙代耕

2. 按耙组的配置方式分

可将圆盘耙分为四大类和五种变型。

（1）第Ⅰ类圆盘耙　特点为单列、单组、不对称（图1-29）。主要用于大田和果园整地。为了保证机组的直线行驶，配有特殊的耙架，以平衡作业时耙片的侧向力。

（2）第Ⅱ类圆盘耙　特点是单列、两组、对称（图1-30）。

主要用于灭茬和大田作业。这种耙组偏角调节范围大，耙幅宽，作业效率高，杂草、残茬较多时亦不易堵塞，尤适于推广少、免耕技术的地区。

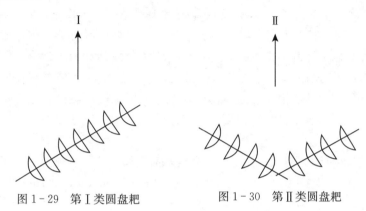

图 1-29　第Ⅰ类圆盘耙　　　　图 1-30　第Ⅱ类圆盘耙

（3）第Ⅲ类圆盘耙　特点是双列、四组、对置，又统称为"对置耙"（图 1-31）。使用最广，销售量最大。作业时合阻力线在耙的纵向对称平面内，不存在偏牵引现象是突出的优点。主要用于大田和土壤改良。缺点是作业后中间漏耙留埂，两侧起沟，地表不平。

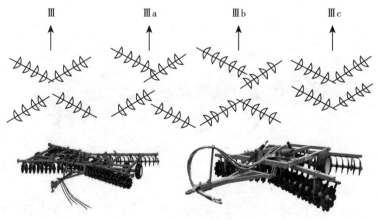

图 1-31　第Ⅲ类圆盘耙

变型Ⅲa为交错对置型，变型Ⅲb为不全对称对置耙，均可克服此现象。

变型Ⅲc为平沟起垄圆盘耙，耙片顺装起垄，反装平沟，这种耙的起垄平沟所需的牵引力小，土壤移动范围大，作业效果好。

（4）第Ⅳ类圆盘耙 特点是双列、两组、不对称。作业时耙的中心线可偏离拖拉机中心线一定距离，故称"偏置耙"（图1-32）。偏置耙首先是在果园中得到使用，这是因为偏置耙作业时的偏置量可使耙在树冠下作业，而保证拖拉机不碰撞树冠。偏置耙具有耙地平整、不留埂、不起沟的优点，大田作业中很快获得推广。

变型Ⅳa为双列三组（或多组）前列错开式偏置耙，缩短了耙组前后列之间的纵向尺寸，结构更为紧凑，可提高机组的纵向稳定性。

变型Ⅳb、Ⅳc为单列开闭垄圆盘耙，主要用于大田和果园行间的整地和覆盖。这类耙与Ⅲc型的区别在于耙片的方向不能反装。

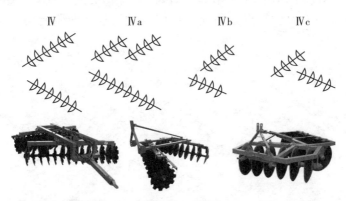

图1-32 第Ⅳ类圆盘耙

3. 按与拖拉机的挂结方式分

分为牵引、悬挂和半悬挂三种型式。重型耙一般多是牵引式或半悬挂式，轻型耙和中型耙则三种型式都有。

二、圆盘耙的型号

按照《圆盘耙》（JB/T 6279—2007）标准的产品型号编制规定，其产品型号通常为：

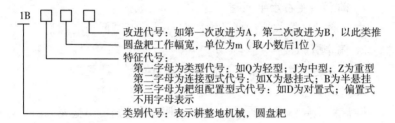

改进代号：如第一次改进为A，第二次改进为B，以此类推
圆盘耙工作幅宽，单位为m（取小数后1位）
特征代号：
　第一字母为类型代号：如Q为轻型；J为中型；Z为重型
　第二字母为连接型式代号：如X为悬挂式；B为半悬挂
　第三字母为耙组配置型式代号：如D为对置式；偏置式不用字母表示
类别代号：表示耕整地机械，圆盘耙

型号标识示例：

1BJXD1.5（16）——表示工作幅宽 1.5m（16 片），中型、悬挂、对置式圆盘耙。

1BQX2.0——表示工作幅宽 2.0m，轻型、悬挂、偏置式圆盘耙。

三、圆盘耙的构造

圆盘耙一般由耙组、耙架、悬挂架和偏角调节机构等组成（图1-33）。对于牵引式圆盘耙，还有液压式（或机械式）运输轮、牵引架和牵引器限位机构等，有的耙上还设有配重箱。

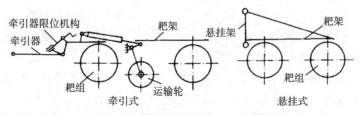

牵引器限位机构　耙架　悬挂架　耙架
牵引器
耙组　牵引式　运输轮　耙组
悬挂式

图 1-33　圆盘耙的结构示意图

同圆盘犁相比，它们的共同特点是圆盘的刃口平面与机器前进方向有一偏角。不同的是圆盘耙刃口不像圆盘犁那样有一向后倾斜

的角度，而是垂直于地面。

四、圆盘耙的调整

圆盘耙与拖拉机挂接后通常需要进行以下调整

1. 前后、左右水平调整

主要通过悬挂式上拉杆长度、左左悬挂点高低长度调整。

2. 偏牵引调整

主要通过调整连接点、前后耙组偏角等方法调整。

3. 耙深调整

圆盘耙主要依靠机具重量入土，耙深通过偏角调整完成。偏角增大则耙深相应加深；反之则耙深变浅。如果通过调节偏角仍达不到要求的耙深，还必须通过增加配重来完成。

4. 偏角调整

通过改变耙组的横梁相对于耙架连接位置，即改变耙组与机组前进方向的角度来实现。偏角调节机构的形式有齿板式、插销式、压板式、丝杆式、液压式等多种。

五、圆盘耙的耙地方式

圆盘耙耙地时，相对于犁耕土垡方向而言，有顺耙、斜耙和横耙三种耙地方法。顺耙时，耙地方向与犁耕方向平行，工作阻力小，但碎土与平地作用差，适于疏松土壤。横耙时，耙地方向与犁耕方向垂直，碎土和平地效果好，但机具振动大，转弯多，工效低。斜耙时，耙地方向与犁耕方向约为 45°，碎土和平地作用介于顺耙和横耙之间，但行走路线复杂。

耙地时，根据土质、地块大小、形状及农艺要求等，选择适当的耙地方法。图 1-34 是常用的耙地方法。

图 1-34 中，梭形和回形耙地属于顺耙或横耙，适于以耙代耕或浅耕灭茬。交叉耙地属于斜耙，大田耕后耙地通常采用这种方法，其碎土和平地作用较好，但行走路线复杂，易发生重耙、漏耙。

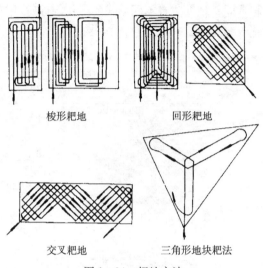

梭形耙地　　　　回形耙地

交叉耙地　　　　三角形地块耙法

图 1-34　耙地方法

第五节　水田耙的选择与安全使用

一、水田整地作业的要求

水田耙是在水田进行耕地的整地机械。水田土壤一般比较黏重，耕后土块较大，所以插秧前需要整地，以达到耕后碎土（或代替犁耕）、平整地面及使泥土搅混起浆，以利于插秧。主要用在春耕与夏耕后碎土整地和南方双季稻地区早稻茬地的以耙代耕。

整地作业在水中进行，因此，对水田整地作业有特定的农业技术要求：适时耙地；耙深不小于 10cm 且耙深一致；要耙碎、耙烂，如有肥料，应混合均匀；不漏耙、重耙；耙后地表平坦等。

水田耙用于旱耕具有"上虚下实"，使表土松碎，下层局部压实的作用。

二、水田耙的类型

按工作部件不同，可分为简易水田耙（工作部件形式是单一的）

和复式水田耙（同一耙上装有不同形式的工作部件）。用于水田整地作业的水田耙有多种类型，主要见表 1-12。

表 1-12　用于水田整地作业的几种水田耙

类型	示意图	主要功能
水田星形耙		星形耙的耙片具有切土、碎土能力强，灭茬效果好等优点。适于水田耕整地作业。
水田滚轧耙	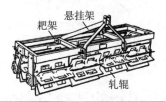	轧辊的外圆柱表面上均布着各种轧刀，可有效切碎土壤、稻茬，起浆效果好。
水田缺口耙		采用缺口圆盘耙组和轧辊配合而成，用于水田耕翻后的碎土、平整作业。
水田驱动耙		用于旋耕或犁耕后的水田耙田、土地平整、碎土和埋茬作业。
旋耕耙浆平地机		可以一次完成碎土、搅浆、埋茬、平地等多项水田作业。采用 L 型刀片，搅拌均匀，起浆效果好。

（续）

类型	示意图	主要功能
双轴水田旋耕机		主要用于水稻田的旋耕打浆平地作业。与轮式拖拉机配套，采用后置液压全悬挂连接方式。具耕作深度均匀、地面平整、碎土打浆充分、表土松软、土肥混合均匀、起浆好等优点。
水田打浆机		对旋耕后水田进行打浆、平整作业。
水田埋茬耕整机		作业时，需将旋耕后的地块放水浸泡48h，作业一遍便可将稻、麦秸秆压入土中，增加土壤肥力。作业后地块符合机械插秧的要求。

三、水田耙的构造

水田耙一般由耙组、轧辊、耙架和悬挂架等组成，水田耙的总体结构如图 1-35 所示。

水田耙组有缺口耙组和星形耙组两种。耙组一般为 2~4 组，分为 1~2 列配置，对于黏重土壤或较硬的脱水田采用缺口圆盘耙

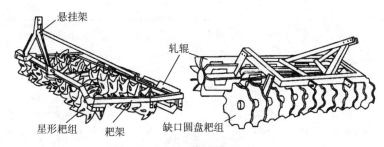

图 1-35 水田耙的构造

组，其切土和翻土能力较强，但阻力较大，碎土起浆作用较差。水田缺口圆盘耙片的形状与旱地圆盘耙的耙片相似。星形耙组的耙片具有切土、碎土能力强，且有灭茬作用，故应用较广。

轧辊是在我国南方传统农具——蒲磙的基础上发展起来的，具有较强的灭茬、起浆能力，并兼有碎土、平田、混合土肥等功能。为了提高轧辊的轧压效果，常使轧片均匀错开，或呈螺旋线排列。

四、水田耙的使用调整

1. 使用前的检查

（1）投入作业前应检查各工作部件的技术状态是否完好，若有损坏，应及时修复或更换；水田耙的刀齿、星形耙片和圆盘耙片的刃口应锐利，过钝的刃口应磨锐。

（2）检查工作部件的安装情况，如刀齿在耙架上固定是否牢固、轧辊叶片、星形叶片有无脱焊，装在方轴上的圆盘耙片是否晃动，耙组、轧辊转动是否灵活；同时检查耙架有无变形，各部件紧固螺钉有无松动或脱落等。凡不符合要求的应及时修整。

（3）检查轴承磨损情况，磨损严重的轴承套应予更换；橡胶轴承切勿沾染油类物质，以防橡胶老化失效。

2. 水田耙的田间调整

（1）**耙组偏角的调整**　根据农艺要求和拖拉机负荷进行调整，以取得良好的碎土性能。前列耙组偏角调整范围为 0°～20°（后列耙组偏角为5°，不可调)，春耕粗耙时应调整为12°～15°，细耙应调整为5°～10°；夏耕粗耙应为15°～20°，细耙为5°～10°。调整时将耙升起，改变耙轴的位置即可。偏角增大，碎土能力增强。

(2) 耙架水平的调整　通过调整拖拉机的上拉杆和右提升杆来进行耙架水平的调整。

春耕耙地时：应调整上拉杆，使耙前端抬高，并使耙架与地面成1°～3°的倾角。

夏耕耙耙留稻茬田粗耙时：应调短上拉杆，使耙前端降低，以加强前列星形耙片的浅翻作用，再调整左、右提升杆高度，使水田耙左、右高度一致。

(3) 耙深调整　通过调整拖拉机液压升降手柄可进行耙深调整。悬挂水田耙作业时，还应根据拖拉机机型的高度来选择上拉杆在悬挂架上的安装位置。

五、水田耙的耙地方法

1. 顺耙

耙的行走方向与犁耕的方向一致。优点：机组颠簸小，耙地阻力小。缺点：垄沟不易填平，耙后地面不够平坦。适合土壤疏松、狭长的地块。

2. 横耙

耙的行走方向与犁耕的方向垂直。优点：切土、碎土和平地效果好。缺点：阻力大，机组颠簸厉害，操作困难。适合较宽大地块。

3. 斜耙

耙的行走方向与犁耕的方向成一定角度，最好45°。

六、水田耙的安全使用

水田耙作业时，为保证其高效、安全可靠地作业，要注意以下事项：

(1) 水田耙地时，必须提前向田里灌适量的水，水深以淹至耙片的一半为宜，过深了看不清耙地方向，浅了容易拖堆。灌水时间最好比耙地时间提前 5d，这样土垡浸水后，降低了土壤的板结性，有利于耙碎土垡，提高耙地质量。

（2）作业开始前要检查各个部件，拧紧紧固螺栓，清理水中的大石块，作业后要及时清洗耙上泥土，发现有损坏零件要及时更换。

（3）在泥脚深度较深、烂泥多的地方，应安装只带有 4 个扇形小孔的耙片，该耙片可避免带泥、减少阻力和提高碎土能力。在泥脚深度较浅、黏重的地方，可安装通过能力强的六角星齿耙片，碎土性能好。

（4）地头转小弯时应将耙提起；转弯、倒车时应避免水田耙与田埂相撞；靠近田埂耙地时，不应让耙片顶住田埂，以免损坏机件。

（5）耙地时相邻行间应有 20～40cm 的重叠量，以确保耙平地面，避免漏耕。

（6）下地后将耙调至工作位，把升降杆上的固定杆插入齿板槽内固定，试耙后检查耕深是否符合要求。

（7）作业时，机车沿田块的对角线偏左或偏右一个耙幅开始耙耕，向外逐步扩展，最后绕田边耙一圈即可。此方法工效高、油耗少、质量好。

（8）耙田遍数根据水稻栽插的农艺要求确定。耙第一遍时可根据负载来选择合适的行走速度，耙第二遍时可以提高一个挡位，但要将升降杆向前移动一个齿。

（9）如发现有严重壅土、拖堆现象，要分析产生的原因并及时排除。不应勉强使用，这样既影响工作质量，又会引起耙架及工作部件变形和损坏。

（10）水田耙工作时，严禁在耙上站人或搁置重物，并严禁修理或排除故障。如需修理，一定要停车后进行。

（11）水田耙在过田埂或运输时，一定要将耙升起。远距离田间转移时，还应将耙锁住。

第二章

种植施肥作业机械化

种植施肥作业机械化是指拖拉机与种植施肥机械通过悬挂、牵引、固连等方式构为一体，进行播种、移栽、施肥的一种农业机械作业技术。

农作物的种植是农业生产过程中的重要一环。种植有播种和移栽两种基本方法，采用机械化播种、栽植和施肥，不仅可以减轻劳动强度，而且还可以解决趁墒抢种问题，不误农时，对保证农业全面丰产具有非常重要的意义。

根据农业机械行业标准《农机具产品　型号编制规则》（JB/T 8574—2013），种植和施肥机械属于农机具中第二大类机械，分为播种机、栽植机、种植机、拔秧机、施肥机、地膜覆盖机等6个小类。每个小类又有多种机具，见表2-1。

在南方地区，广泛应用的种植和施肥机械主要有：谷物播种机、水稻插秧机、水稻直播机、移栽机、施肥机、地膜覆盖机等，本书主要介绍这些机械与拖拉机构成的作业机组的选择和安全使用等知识。

第一节　播种机的选择与安全使用

一、播种方式

播种是农业生产过程中极为重要的一环，必须根据农业技术要求适时播种，使作物获得良好的发育生长条件，才能保证苗齐苗壮，为增产丰收打好基础。机械播种质量好，生产率高，能保证适时播种，同时为田间管理作业创造良好条件，因此，机械播种在我国广泛应用。

表2-1 播种施肥机械的分类与特征代号及主参数代号

大类（代号）	小类		分类代号（大类＋小类）	代表字	字母	主参数代号	计量单位
播种和施肥机械（2）	1. 播种机（2B）	谷物播种机	2B	播	BO	行数	行
		玉米点播机	2BY	玉	YU	行数	行
		棉花播种机	2BH	花	HUA	行数	行
		通用播种机	2BT	通	TONG	行数	行
		水稻直播机	2BD	稻	DAO	行数	行
		牧草播种机	2BC	草	CAO	行数	行
		蔬菜播种机	2BS	蔬	SHU	行数	行
		免耕播种机	2BM	免	MIAN	行数	行
		秧盘播种机	2BP	盘	PAN	行数	行
	2. 栽植机（2Z）	水稻插秧机	2Z	栽	ZAI	行数	行
		水稻抛秧机	2ZP	抛	PAO	以型式定参数	一
		水稻摆秧机	2ZB	摆	BAI	行数	行
		蔬菜秧苗移栽机	2ZS	蔬	SHU	行数	行
		烟草移栽机	2ZY	烟	YAN	行数	行

（续）

大类 （代号）	小　类	分类代号 （大类＋小类）	代表字	字母	主参数代号	计量单位
	3. 种植机 (2C)	马铃薯种植机	2CM	马	MA	行数	行
		甘薯种植机	2CG	甘	GAN	行数	行
		甘蔗种植机	2CZ	蔗	ZHE	行数	行
播种和 施肥机械 (2)	4. 拔秧机 (2Y)		2Y	秧	YANG	工作幅宽	m
	5. 施肥机 (2F)	施肥机(撒施肥)	2F	肥	FEI	工作幅宽	m
		施肥机(施化肥)	2FH	化	HUA	工作幅宽	m
		施肥机(施厩肥)	2FJ	厩	JIU	工作幅宽	m
	6. 地膜覆盖机(2M)		2M	膜	MO	铺膜幅数	幅

53

我国地域辽阔，作物生产的环境、条件、种植方式等多种多样，南北方有着明显的差异。

北方多为旱地作业，以向土壤中播入规定量的种子为主要种植手段，所用机具多为播种机械。而南方多为水田作业，种植方式主要是幼苗移栽，所用机械多为栽植机械或插秧机械。

但是，近几年来有些作物的种植方式发生了变化，如玉米、棉花出现了工厂化育苗然后移栽，且已证明在干旱缺水地区有取代直播的趋势。而以移栽为主要种植手段的水稻，由于种植技术的革新现在大量出现了直播（水稻须进行种子催芽处理），从而简化生产过程，降低生产成本。

总体来说，机械播种主要有撒播、条播、穴播和精密播种等几种方式，如图 2-1 所示。

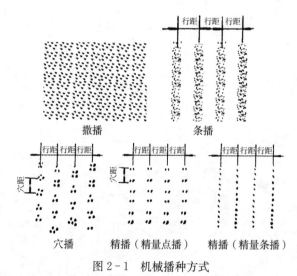

图 2-1　机械播种方式

二、播种机的类型

1. 按播种方式分

按播种方式不同，播种机可分为撒播机、条播机、穴播机和精密播种机，如图 2-2 所示。

撒播机　　　　　　　　　　条播机

穴播机　　　　　　　　精密播种机

图 2-2　播种机的类型

（1）撒播机　撒播是将种子漫撒于地表，再用其他工具进行覆土的播种方式。撒播的生产率很高，但种子分布不均匀，覆土深浅不一致。常用的机型为离心式撒播机，附装在农用运输车后部。由种子箱和撒播轮构成，种子由种子箱落到撒播轮上，在离心力的作用下沿切线方向播出，播幅能达 8～12m。也可用于撒播粉状或粒状肥料。目前多用于牧草播种和航空播种。

（2）条播机　条播是将种子成条状播入土中。在每条中，种子分布的宽度称为苗幅，条与条之间的中心距叫作行距。条播是最常用的一种播种方式，主要用于谷物、蔬菜、牧草等小粒种子的播种作业。

常用的谷物条播机，作业时，由行走轮带动排种轮旋转，种子按设定由种子箱排入输种管并经开沟器落入沟槽内，然后由覆土镇压装置将种子覆盖压实。单机播幅为 6～7m，播速一般为 10～12km/h。

（3）穴播机　穴播机是一种按一定行距和穴距，将种子成穴播种的种植机械。主要用于玉米、棉花、甜菜、向日葵、豆类等中耕作物，又称中耕作物播种机。每个播种机单体可完成开沟、排种、覆土、镇压等整个作业过程。分精位穴播机、手推穴播机、玉米穴播机、施肥穴播机、大豆穴播机等。

（4）精密播种机　精密播种是以确定数量的种子，按照要求的行距和粒距准确地播种到湿土中，并控制播种深度，以便为种子创造均匀一致的发芽环境。按种子在行内分布方式的不同，又可分为以下几种。

①精密穴播。精密穴播是每穴播 2～3 粒种子，用于播种幼苗破土较难的棉花、甜菜和蔬菜等。

②精密点播。每穴只播 1 粒种子，粒距均匀准确。主要用于播种玉米、大豆。

③精密条播。与传统的普通条播相比，一是播量减少，仅为传统播量的一半；二是种子在行内分布均匀；三是较传统条播的行距大。

采用精密播种，除一般要求整地良好和种子需要进行加工处理外，还要求播种机能提供均匀的种子流而不损伤种子，达到定量排种；开出深浅适宜的种沟，投种准确，种子着地产生位移小，达到定位下种；播种同时施肥；整机工作可靠，下种自动监视达到保种；有较高的劳动生产率。

2. 按播种作物分

按播种作物种子的不同，可分为小麦播种机、玉米播种机、棉花播种机、水稻直播机、牧草播种机、蔬菜播种机、花生播种机、马铃薯播种机等，如图 2-3 所示。

3. 按与配套拖拉机挂接方式分

根据与配套拖拉机挂接方式的不同，分为牵引式、悬挂式和半悬挂式，如图 2-4 所示。

小麦播种机

玉米播种机

棉花播种机

水稻直播机

牧草播种机

蔬菜播种机

花生播种机

马铃薯播种机

图 2-3 播种机的类型（按播种作物分）

牵引式播种机

悬挂式播种机

半悬挂式播种机

图 2-4　播种机的分类（按与配套拖拉机挂接方式分）

4. 按标准分

按照《农业机械分类》（NY/T 1640—2015）标准的规定，播种机械分为：条（带）播机、穴（点）播机、精量播种机、小粒种子播种机、根茎作物播种机、深松施肥播种机、免耕播种机、铺膜播种机、整地施肥播种机、水稻直播机等。

三、小麦播种机

小麦播种机均采用条播方式，按其播种量控制方式不同可分为常量小麦播种机和精量小麦播种机。按配套动力不同，又可分为微型小麦播种机、小型小麦播种机、中型小麦播种机和大型小麦播种机。按联合作业方式不同，还可分为旋耕播种机、整地播种机、铺膜播种机、免耕播种机等。

1. 常量小麦播种机

常量小麦播种机是采用普通直槽轮式排种器，其排种量和株距（一行内麦粒之间的距离叫株距）都不是很准确。

（1）结构　常量小麦条播机以条播小麦为主，兼施种肥。增设附加装置可以播草籽，完成镇压、筑畦埂等作业。图2-5是小麦条播机的一般构造。播种机工作时，开沟器开出种沟，种子箱内的种子被排种器排出，通过输种管均匀分布到种沟内，然后由覆土器覆土。干旱地区要求播种的同时镇压（有些播种机带有镇压轮），使种子与土壤紧密接触以利发芽。

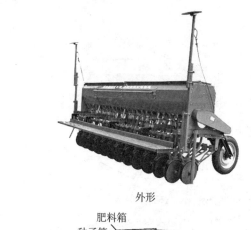

外形

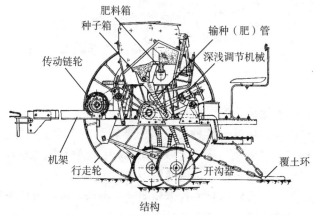

结构

图2-5　2BF-24A型播种机

　　小麦条播机一般由机架、种子箱、肥料箱、排种器、排肥器、输种管、输肥管、开沟器、覆土器、开沟器升降调节机构、划行器、传动部分等组成。

（2）工作过程　图2-6为采用集中排种和气流分种原理，并用气流输送种子的气力式谷物条播机。在种子箱的底部，装有直径较大的排种轮，用来将种子排入气流管道。进入垂直气流管道的种子在气流的作用下均匀分布于管道断面并被气流输送到分配器处，分配器将种子分成6~8路，然后通过气流输种管送至种沟。

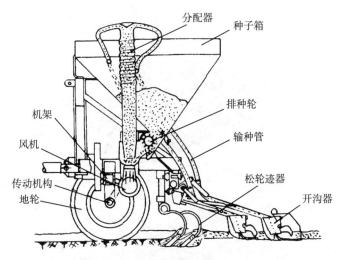

分配器　种子箱

排种轮

输种管

松轮迹器

机架

风机

传动机构

地轮

开沟器

图2-6　气力式谷物条播机

工作时，拖拉机牵引播种机行进，开沟器在土壤里开出种沟，地轮通过传动机构带动排种器和排肥器转动，将种子和肥料排出，并沿输种（肥）管落入开沟器开出的沟内，随后由覆土器覆土盖种。依据土壤墒情，确定是否使用镇压器压实土壤。

谷物条播机常用机具的行走轮驱动排种器，这样可使排种器排出的种子量始终与行走轮所走的距离保持一定比例，从而保证单位面积上的播种量。谷物条播机的行走轮直径较大，这是由于小麦、谷子等谷物条播的行距较窄，在一台播种机上有多行播种时，排种器常采用通轴传动，故需要较大的传动力矩；另外，直径较大的轮子可以减少转动时的滑移现象，使排种均匀度较好。

2. 精量小麦播种机

精量播种（又可称精密播种）是与普通播种的粗放性相比较来说的，在播种量、行距、株距、播深等方面都比较精确。

虽然采用精量播种可以节约用种量，但是精量播种也需要一定的条件，否则达不到节约成本、增加产量的目的。

精量小麦播种机的技术要求：

①确定地块。地块应满足以下条件：便于机械作业，土层深厚而疏松，一般要求土层深度为 80cm、活土层 95cm 以上，总孔隙度 50%～55%，空气孔隙度 12% 以上，耕层容重 1.1～1.3kg/L；土壤肥力好，要求土壤有机质含量在 1% 以上。

②施足底肥。每公顷施土杂肥 4.5 万～6 万 kg。每公顷施用化肥量，标准氮肥 180～225kg，磷、钾肥 450～750kg，缺锌的地块每公顷还要施硫酸锌 18kg。

③精细整地。整地深度应达到 20～25cm，耕后耙细，整平地表，无明暗土块，以利于播种。

④选用良种。选用适于当地栽培的高产品种，播种前对种子进行加工处理，使其符合播种要求。

⑤减少播量。要求每公顷播量一般为 45～90kg，基本苗 45 万～180 万株。由于播量减少了，因此播种要均匀，不能出现重播、漏播现象。

⑥扩大行距。常量播种行距一般为 15cm，小麦精少量播种机行距加大到 20～30cm。机械播种时，要求行距大小一致，尤其行衔接处，如无把握保持一致，播种机上应安装划行器。

⑦适时播种。小麦精少量播种应严格掌握播期，各地在进行精播时要根据当地情况选择最佳播期。其要求是，从播种到越冬开始，有 0℃以上积温 600～700℃。

⑧适宜的播种深度。根据土质、墒情和种子大小而定，一般以 3～5cm 为宜。

（1）锥盘式小麦精量播种机　锥盘式小麦精量播种机已形成 3、6、9、12 行系列产品，与中、小型轮式拖拉机和人畜力配套，适用于旱茬地作业。

锥盘式小麦精量播种机由平行四连杆仿形机构、排种器、机架、开沟器、镇压轮、传动机构等部分组成，如图 2-7 所示。

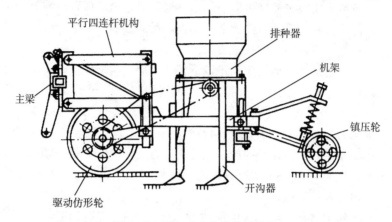

图 2-7 锥盘式小麦精量播种机

（2）小麦旋耕精量播种机 小麦旋耕精量播种机是近年来我国最新研发的新机型，是在旋耕机的基础上，加装锥盘式精密排种器。这种精播机不需进行耕整地，能一次完成旋耕、灭茬、开沟、精播、覆盖、镇压等多道工序，节约时间、人力和物力，适用于稻麦轮作地区及土壤湿烂黏重地区的精播作业，与精播高产栽培农艺措施相配套，可获得高产。

小麦旋耕精量播种机主要由旋耕、机架、播种、施肥、开沟器及传动部分组成，如图 2-8 所示。

（3）气吸式精量播种机 气吸式播种机具有不伤种子、对种子外形尺寸要求不严、整机通用性好、作业速度高、种床平整、籽粒分布均匀及出苗整齐等优点，并且通过更换排种盘又可实现播种玉米、大豆等多种作物，因而越来越受播种机生产厂家和农机用户的重视。因此，了解气吸式精量播种机的工作原理，掌握和分析其工作性能影响因素，无论对生产厂家还是农机用户都具有重要意义。

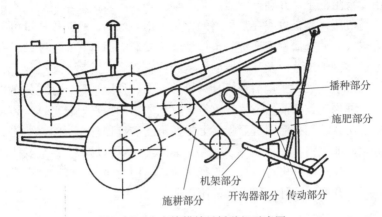

播种部分

施肥部分

机架部分

施耕部分

开沟器部分 传动部分

图 2-8 小麦旋耕精量播种机示意图

①气吸式精量播种机的结构。气吸式精量播种机由主梁、上悬挂架、下悬挂架、2个划行器、风机、种肥箱、2个地轮组合及2～4个作业单机等组成，如图 2-9 所示。

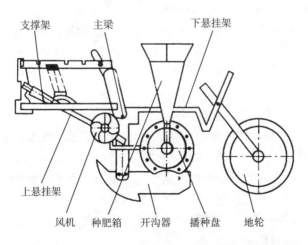

支撑架 主梁 下悬挂架

上悬挂架

风机 种肥箱 开沟器 播种盘 地轮

图 2-9 气吸式精量播种机

②气吸式精量播种机工作原理。气吸式播种机是由高速风机产生负压，传给排种单体的真空室。排种盘回转时，在真空室负压作

用下吸附种子，并随排种盘一起转动。当种子转出真空室后，不再承受负压，靠自重或在刮种器的作用下落在沟内。其工作质量可以用空穴率、重播率来评价。工作性能主要影响因素有真空度、吸孔形状、种子尺寸以及刮种器的构造和调整等。

由于气吸式精量播种机具有投种点低、种床平整、籽粒分布均匀、种深一致以及出苗整齐等符合农艺要求的特点，越来越受到人们的欢迎。如在播种机气吸体上更换不同的排种盘和不同传动比的链轮，即可精密播种玉米、大豆、高粱、小豆以及甜菜等多种作物。气吸式播种机可单行、双行作业，通用性强，并能一次完成侧施肥、开沟、播种、覆土和镇压作业。

四、玉米播种机

1. 玉米播种方式

玉米植株高大，需较多的肥、水和光照，播种时应根据不同的品种要求，选择适宜的株距和行距，以保证单棵植株发育良好，实现穗大粒多、粒饱满，从而获得高产。

玉米的种植有平作与垄作两种方式。东北地区由于温度较低，常采用垄作，以提高地温；华北地区常因雨水少且分布不均而多采用平作。无论采用哪种种植方式，播种方法主要分为条播、点播和精量点播三种。

2. 玉米播种机的类型

（1）按播种方法不同分　可分为玉米条播机、玉米点播机（或玉米穴播机）和玉米精量播种机。

（2）按玉米排种器型式不同分　可分为指夹式玉米播种机、窝眼轮式玉米播种机、气力式玉米播种机等。

（3）按播前对土壤处理方式不同分　可分为玉米免耕播种机和传统玉米播种机两大类。

3. 玉米播种机的型号

玉米播种机的型号主要由大类分类代号、小类分类代号、特征代号、主参数代号等组成。

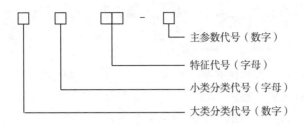

主参数代号（数字）

特征代号（字母）

小类分类代号（字母）

大类分类代号（数字）

玉米播种机的特征代号较多，且不规范，一般各生产企业自行制订。玉米播种机常见的特征代号有：F-施肥，Y-玉米，M-免耕，Q-气吸式，H-风机后置式，J-精量，C-仓转式。

玉米播种机的主要参数均为行数，如2、3、4、5、6行等。

型号标识示例：

2BFQ-3——表示3行气吸式玉米施肥播种机。

2BMF-2——表示2行免耕玉米施肥播种机。

2BMQJ-6——表示6行免耕气吸式精量玉米播种机。

2BQH-6——表示6行风机后置气吸式玉米播种机。

五、播种机的使用调整

1. 播种机作业机组使用前的准备工作

①播种机与拖拉机的挂接。播种机在播种作业时应该保持机架前后、左右都水平，从而保证开沟器开沟深度一致、排种（肥）正常。

牵引式播种机可通过改变牵引点的高低位置，保证播种机作业时机架前后是水平的。通过调节播种机左右两地轮的高度，可以使播种机作业时保持左右水平。

悬挂式播种机可通过改变拖拉机悬挂上拉杆的长度，保证播种机前后水平。播种机的左右水平可通过改变拖拉机悬挂右吊杆的长度来调节。

②对播种机上需要润滑的部位加注润滑油。检查传动机构的齿轮、链轮啮合情况，确保转动部件运转灵活，无卡滞现象。裸露的

齿轮、链轮、链条处禁止涂抹润滑油，以免沾上尘土，导致加剧磨损。

③检查紧固件是否紧固牢靠，未拧紧的要拧紧。

④检查开沟器的排列、间距、运输间隙是否正确。

⑤种（肥）箱内不能有杂物，以免损坏排种（肥）器。所用的种子和肥料必须清洁，肥料结块应击碎。

⑥按照机具使用说明书的要求，调整各工作部件及结构，使播种机达到良好的技术状态。

2. 播种机作业机组的安全操作规程

①根据地块情况选好行走路线。划好地头开沟器的起落线，地头线的宽度一般应取播种机工作幅宽的 3～4 倍，以便最后播地头时减少重播或漏播。

②播种时应保持直线匀速行进，中途尽量避免停车。如必须停车，再次启动时要先将开沟器升起，后退 1m 左右，方可进行播种作业，以免造成漏播。

③农具手在播种作业时，要经常观察播种机各部分的工作是否正常，特别要注意排种（肥）器是否正常工作，输种（肥）管有无堵塞，种（肥）箱内的种子、肥料是否足够，划印器工作是否正常，开沟器有无挂草堵塞等。发现问题，应立即向拖拉机手发出信号，停车进行解决。工作部件和传动部件沾土或缠草过多时，应停车清理。种肥箱内的种子和肥料不要全部播完，至少应保留足以盖满全部排种器、排肥器的量，以防断播。

④地头转弯时，要升起开沟器，减速缓行，以免损坏机具。

⑤机具与具有力调节、位调节液压悬挂机构的拖拉机配套时，应注意：作业时禁止使用力调节，以免损坏机具；工作时，使用位调节，必须将力调节手柄置于"提升"位置。位调节手柄向下方移动，机具下降，反之机具上升。机具达到所需深度后，用定位装置将位调节手柄挡住，以利于机具每次下降到同样的深度。

机具与具有分置式悬挂机构的拖拉机配套时，应注意：工作时，分配器手柄置于"浮动"位置。机具入土到适当深度时，定位卡箍挡块固定下来。机具下降后，不可使用"压降"位置，以免损坏机具。下降或提升机具时，手柄向"下降"或"提升"方向移动。不要在"压降"和"中立"位置停置。

⑥播拌药的种子时，接触种子的人员应戴口罩和手套等防护用具。播后的剩余种子要妥善处理，以防中毒和污染环境。

3. 播种机的调整

（1）行距的调整　各种播种机的行距均可调整，以满足农艺要求。一般按开沟器梁长度（L）及行距（b）来确定行数（n）。

$$n = L/b + 1$$

谷物条播机 n 取整数，中耕作物播种机 n 取偶数。开沟器应对称于机组中心线配置。谷物播种机前后开沟器应互相错开，当播种行数为原机的一半以下时，可全部装后列开沟器。开沟器固定后，必须检查实际行距，并进行校正。

（2）开沟器的安装与调整　根据行距的要求，从播种机的中心线开始，依次分两排安装前、后开沟器，并调整好开沟深浅调节装置，保证各开沟器开沟深度一致。可以通过田间的试播来验证开沟深度是否符合要求。具体的检查方法是：在已播种覆土的行上，扒开覆土直到露出种子，然后测量种子到地表面的深度。测量每个开沟器行内的 5 个点，以确定播深是否符合误差的范围。

当规定播深为 3～4cm 时，实际播深的偏差不应超过 ±0.5cm；
当规定播深为 4～6cm 时，实际播深的偏差不应超过 ±0.7cm；
当规定播深为 6～8cm 时，实际播深的偏差不应超过 ±1cm。

（3）播种量的调整　播种机必须按规定的播种量播种。播种量太小或太大，都会影响产量。所以在播种前应按规定调好播种量，并在试播中进行校核。

4. 播种机作业时的行走路线

有梭形播法、套播法、向心播法和离心播法，如图 2-10 所示。

（1）梭形播法　机组沿一侧进地，依次往返穿梭到地块的另一侧，最后播地头。这种播法较简单，不易漏播，实际播种中多采用

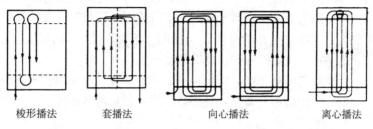

梭形播法　　　套播法　　　　　向心播法　　　　　离心播法

图 2-10　播种机行走路线

此法。缺点是地头转弯的时间较长。

（2）套播法　播种前将大地块分成双数等宽的播种小区，小区宽度应为播种机工作幅宽的整数倍，然后跨小区进行播种。此法机组不用转小弯，容易操作。

（3）向心播法（又可称同形播法）　机组从地块一侧进入，由外向内一圈一圈绕行，到地块中间播完。机组可以采用顺时针绕行或逆时针绕行。

（4）离心播法　机组从地块中间开始由内向外绕行，可以采用顺时针绕行或逆时针绕行。

向心播法和离心播法地头空行少，但播前需将地块分成宽度为机组工作幅宽整数倍的小区。

以拖拉机右前轮中心或右履带内侧对准划印器所划印迹，采用梭形播法为例，计算划印器的长度，如图 2-11 所示。

$$L_左 = B - C/2$$
$$L_右 = B + C/2$$

式中，

$L_右$——右侧划印器长度，指右侧划印器划出的印迹到播种机中心线的水平距离，m；

$L_左$——左侧划印器的长度，指左侧划印器划出的印迹到播种机中心线的水平距离，m；

B——播种机工作幅宽，m；

C——拖拉机前轮中心距或拖拉机履带内侧距，m。

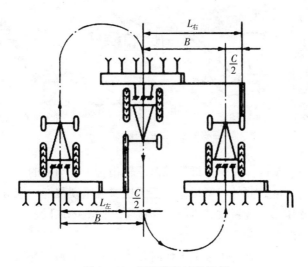

图 2 - 11　划印器长度的计算

5. 播种深度的调整

播种深度是农艺技术要求指标之一。过深、过浅或深浅不一，都将使出苗率降低，幼苗生长不整齐。播种深度一致是指种子上面覆盖的土层厚度一致。显然，在地面起伏不平时，播深一致的种子在土中也是高低不一的。因此，要保持播深一致就必须控制各播行的开沟器均能随地起伏而浮动，使它们的入土深度一致。在现有的播种机上控制开沟器入土深度的方法有以下几种（图 2 - 12）。

①在双圆盘开沟器上加装限深环（图 2 - 12a）。

②在滑刀式开沟器上加装限深板（图 2 - 12b）。

③锄铲式开沟器改变其牵引铰点位置或增加配重（图 2 - 12c）。

④利用弹簧增压机构改变开沟器上的压力（图 2 - 12d）。

⑤利用限深轮控制。

播种深度主要取决于开沟器的开沟深度，因而播种深度的调整主要是指开沟深度的调整。由于开沟器开沟深度调节机构不同，因而开沟深度的调整方法也不同。一般用改变限深板或限深环的上下

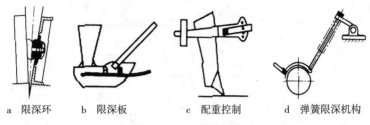

　　a　限深环　　　　b　限深板　　　　c　配重控制　　　d　弹簧限深机构

图 2－12　开沟器限深装置

位置，或调节限深轮、仿形轮或镇压轮相对于开沟器的上下位置来调节开沟深度。此外，可根据土壤的松软或坚硬程度，调节平行四杆上弹簧压力，或者改变机组的挂接点、增减配重以改变开沟器的入土力量的大小来调节开沟深度。

　　例如，在松软的土壤上工作时，由于地轮下陷，开沟器入土过深时，可尽量减小弹簧压力，甚至当弹簧不起作用时，开沟器依靠自重也能入土。如果要求播种深度小于 4cm 时，则应在每一开沟器上附装限深器，如滑板等。其次，覆土量的大小也影响播种深度，可以调节覆土机构（覆土器的长短或覆土板的倾角）来调节覆土量的大小，从而调整播种深度。

　　播种深度的测量方法有两种：一种是扒开种沟，寻找种子，测量其至地表的距离，即为播种深度；另一种是在苗期测定，拔出幼苗，测定苗根发白部分的长度，即为播种深度。如果测量的播种深度不符合农艺要求，应重新调整。

六、播种机的选择

　　播种机有多种类型和型号，其选择主要考虑如下因素或要点：

　　（1）结合具体的种植情况进行选择　种植的情况包括种植的作物品种、机械技术水平和已有拖拉机的型号。有些种子的品种需要用单粒播种机，而有些则需要多粒播种机。机械水平是指对播种机的掌控能力和维修能力，如果选择了太复杂的播种机，往往在应用和维修过程中会带来很多困扰。所以，应该选择一些结构简单、容易操作和掌握、实惠耐用的播种机。

（2）选购正规厂家的优质产品　选购的播种机需要性能齐全、质量高，这就需要到规模较大、信誉高、服务好的商家去购买。在购买的过程中要核看推广使用许可证、产品合格证、产品铭牌、使用说明书。通过这些资料不但可以判断出这些产品是否为合格正规产品，还能够辅导正确使用该产品。

（3）结合播种机的适应性、先进性和经济性　不同的地区具有不同的耕作习惯和技术要求，要结合具体的情况进行选择。就目前的情况而言，大部分的机械式播种机的结构简单、价格低，而新出现的气力式精量播种机的作业质量高，节约种子，但是结构较复杂，而且价格高。所以在选择过程中既要结合动力大小，又要根据播种面积进行播种机的选择。

（4）考虑土地自然情况进行选购　土地面积的大小对播种机的使用也会带来一定的影响。在播种面积较小的土地时，拖拉作业机组在田间行走的道路很短，对作业造成了一定的困难，同时还会增加劳动强度和对种子的使用造成一定程度的消费。所以，要结合土地的具体情况，选择合适的播种机，从而降低劳动强度和提高播种效率和出苗率。

（5）注意播种机的安全性　播种机在使用过程中，安全性是必须要考虑的重要问题之一。在购机的过程中，还需要检查播种机的传动部位是否配有安全护罩，在较容易发生危险的部位是否具有安全警告标志，以确保播种机在使用过程中尽可能不发生安全事故。

第二节　水稻插秧机的选择与安全使用

一、水稻插秧机的类型

水稻插秧机的类型较多，分类方式多样，如图 2-13 所示。

1. 按动力不同分

可分为人力插秧机和机动插秧机两类。

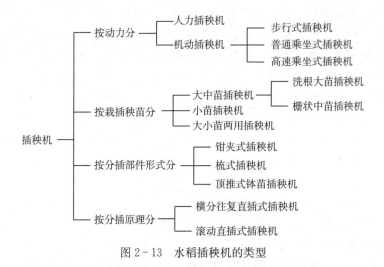

图 2-13　水稻插秧机的类型

（1）人力插秧机　人力插秧机采用间歇插秧方式，插秧动作在水稻插秧机停歇状态下进行，插秧结束后，手拉插秧机移动一个株距，再进行下一次插秧动作（图 2-14）。

图 2-14　人力插秧机

（2）机动插秧机 机动插秧机采用连续插秧方式，在插秧机行进过程中完成分秧、插秧动作。机动插秧机又分为手扶式和坐式两类。

①手扶式插秧机。是指驱动机构由动力驱动，来完成分秧和插秧，人跟随插秧机进行，用手把来控制插秧机的行驶方向（图2-15）。

图2-15 手扶式机动插秧机

②乘坐式插秧机。是指操作人员乘坐在插秧机上，不仅提高了行驶速度和作业效率，而且大大降低了操作人员劳动强度（图2-16）。为此，得到广泛应用。

图2-16 乘坐式插秧机

乘坐式插秧机可增加施肥、铺纸、施药、免耕部件，实现复合作业。施肥可实现边插秧边侧深施肥作业；铺纸是边铺再生纸边插秧作业，追求减少农药的绿色栽培；施药是边插秧边施药，以减少施药下田次数；免耕是在插秧部件前方安装浅旋耕部件，在插秧的行内实行浅旋耕，并非全幅旋耕，边旋边插。

2. 按插秧速度分

按插秧速度不同，插秧机可分为普通插秧机和高速插秧机两类。

（1）普通插秧机　采用曲柄连杆式栽插机构（图 2-17）。曲柄连杆式栽插机构的转速受惯性力的约束，一般最高插秧频率限制在每分钟 300 次左右。如果平衡块设计得完善，插秧频率可稍高。

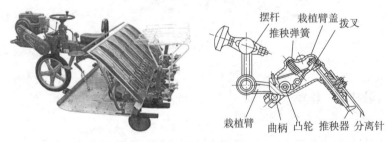

图 2-17　普通插秧机

（2）高速插秧机　采用双排回转栽插机构（图 2-18）。双排回转式运动，运动较平稳，插秧频率可以提高到每分钟 600次。但在实际生产中，由于其他因素的影响，插秧频率只比普通乘座式高出 0.5 倍左右。

3. 按栽插行数分

按栽插行数不同，插秧机可分为 2、4、5、6、8、10 行 6

图 2-18　高速插秧机

种类型（图2-19）。手扶步行式插秧机一般为2、4、6行，其中4行较多；乘坐式插秧机一般为4、5、6、8、10行，其中6行和8行较广泛。

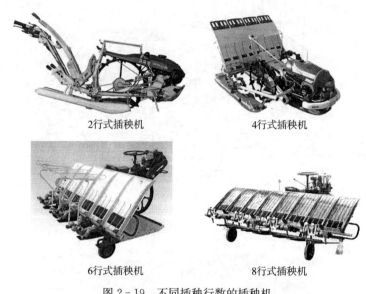

2行式插秧机　　　　　　　　4行式插秧机

6行式插秧机　　　　　　　　8行式插秧机

图2-19　不同插秧行数的插秧机

二、插秧机的结构

插秧机用于水田移栽秧苗，无论是步行式、乘坐式或者高速插秧机，其主要由以下几个部分组成：发动机、传动系统、送秧机构、栽植机构和行走装置（图2-20）。

三、水稻插秧机的使用调整

1. 水稻插秧机下田前的检查

插秧机下田作业前还需再次检查，以免作业时出现故障。按以下顺序检查：

（1）发动机部分：发动机机油量，过滤器的清洁度和空气滤清器的清洁度。

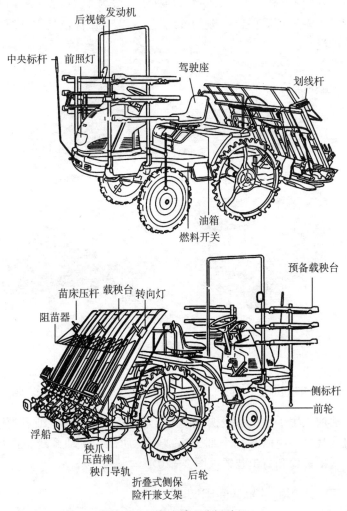

图 2-20　高速乘坐式插秧机

（2）液压部分：液压皮带的张紧度。

（3）行驶部分：主皮带的张紧度（张紧轮的作用），转向离合器的分离状态，向注油处注油。

（4）插秧部分：取苗口的间隙，秧叉的压出时间，注油处注油。

（5）其他：注油处注油，确认各紧固部的紧固状态。

（6）水稻插秧机经检查完好后，在进入田块前，根据秧苗、田块的情况，按农艺要求调好纵向取苗量、横向取苗次数、穴距挡位、插秧深度。

2. 下田前的调试

插秧机正式作业前，必须调整好插秧株距、深度和取秧量，同时进行正确的启动、起步和试插。

（1）基本苗及取秧量的计算方法　每公顷大田的基本苗由插秧的行距、株距和每穴株数决定。在实际作业中，一般事先确定株距，再通过调节秧爪的取秧量即每穴的株数，即可满足农艺对基本苗的要求。插秧机的行距为 30cm 固定不变，株距可调。正确计算并调节每公顷栽插穴数和每穴株数是保证大田适宜基本苗数的首要条件。

理论计算基本苗数的方法如下（株距、行距单位：cm）：

$$公顷基本苗数 = \frac{10\,000 \times 10\,000}{行距 \times 株距} \times 每穴株数$$

插秧机通过调节纵向取秧量及横向送秧量来调节秧爪取秧面积，从而改变每穴秧苗的株数。取秧苗块以正方形为最佳。取秧量的计算方法是：

$$每箱秧苗插秧次数 = \frac{箱播种量 \times 1\,000 \times 种子发芽率}{种子千粒重 \times 每穴株数}$$

$$纵向取秧次数 = \frac{每箱秧苗插秧次数}{横向取秧次数}$$

$$横向取秧量（mm） = \frac{280}{横向取秧次数}$$

$$纵向取秧量（mm） = \frac{580}{纵向取秧次数}$$

由于理论计算较为复杂，故在实际插秧时可进行试插后倒推，但必须保证插秧穴株数达到农艺要求，同时尽可能取得插秧苗块为正方形。

（2）株距的调节　以东洋 PF455S 型插秧机为例，其株距的调节：株距调节手柄在齿轮箱右侧（面向前进方向），共有 3 个调节挡位，从内向外分别是 70、80、90，对应的株距分别是 14.6cm、13.1cm、11.7cm，每公顷基本穴数分别为 210 000 穴、240 000 穴、270 000穴。

调节方法：

第 1 步：变速杆置于"中立"位置，插植臂慢速运转。

第 2 步：推或拉株距调节手柄，调节到所要位置（手柄到达正确的位置上有"咔嗒"声，若手柄处于两挡位中间时，插植臂无法动作）。

第 3 步：加大油门，使插植臂高速运转，确认株距手柄无掉挡现象。

（3）插秧深度调节　以东洋 PF455S 型插秧机为例，其深度调节可通过深度调节手柄来选择 4 个挡位；还可以通过换装浮板后部安装板孔选择 6 个挡位，插上面的孔，插深变浅；插下面的孔，插深变深。在调整安装板孔的位置时要注意保证 3 个浮板安装孔的位置一致。

其他机型插秧机采用调节手柄进行深度调节，调节后应该试插一段距离，再检查并进一步调节。

（4）取秧量的调节

①横向取秧量的调节。横向取秧量是通过调整秧针在秧块上切苗的次数来实现的。以东洋 PF455S 型插秧机为例，调节要领如下：

第 1 步：插秧机栽植部分空转，将苗箱移到最左或最右侧，将插植离合器拨至"断开"位置，停止发动机。

第 2 步：变速杆拨至"中立"位置，插植离合器手柄和行驶操纵手柄均拨至"连接"位置。

第 3 步：缓慢地拉动反冲式启动器，转动到苗移送星轮将要旋转的位置。

第 4 步：取出苗移送装置上的螺栓，转动苗移送装置调节片到所需要的挡位，使螺孔与缺口相一致，内部齿轮啮合到位。若不到

位，则可上下推动插植臂使其啮合到位。

第 5 步：变换结束后，用 M6 螺栓固定苗移送装置。

②纵向取秧量的调节。各种插秧机的纵向取秧量的调整方法是调整各个插植臂与苗箱秧门之间的距离，并保持一致。

插秧机各插植臂的取苗量应该一致，当发现不一致时应予以调整。下面以东洋 PF455S 型插秧机为例，说明其调整方法。

以左、右侧的插植臂秧针尖端连成的一直线为基准，调整苗箱导轨的相对位置，具体方法是：

第 1 步：先调整最左侧的插植臂秧针尖对准取苗卡规基准线。松开纵向取苗量显示板的螺丝，调整长方形螺孔位置，使最左侧的秧针对准取苗卡规的基准线。

第 2 步：调整最右侧的插植臂与苗箱秧门的距离。松开调整螺母，进行调节，使插植臂秧针尖对准取苗卡规基准线。

第 3 步：中间两个插植臂摇杆的一端是一长方形螺孔，只需松开螺母，使秧针对准取苗卡规的基准线后拧紧螺母即可。

3. 田中作业

（1）确定插秧行走路线 插秧机作业前首先要考虑如何作业行走，在进入田间作业时选好退出田间的"后路"，预先空出最后一插秧行程和插秧的余地，避免最后从已作业过的田间退出。行走路线应视田块形状而定，插秧时首先在田埂周围留有 4 行宽的余地，按图路线进行插秧作业（图 2 - 21）。

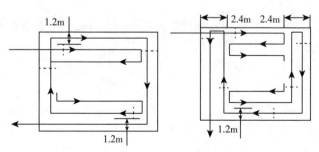

图 2 - 21　确定插秧行走路线

（2）装秧　插秧机进入田中，给空秧箱装秧时，务必把秧箱移到最左边或最右边，否则会造成秧门堵塞、漏插，甚至损坏水稻插秧机。装秧时把压秧杆掀起，装入秧苗，要让秧苗自由滑下，不要用手推压秧苗，防止影响秧爪取秧的均匀性。秧片要紧贴秧箱，不要使秧苗翘出和拱起。

（3）划印　插秧机在插秧作业中，为保证作业质量和行走的直线性，在相邻两趟之间靠边行时，不出现空挡、压苗的现象，插秧机上有两套装置进行辅助作用，即划印器和侧对行器。

摆动下次插秧一侧的划印器杆，使划印器伸开，在表土上边划印边插秧。划印器所划出的线为下次插秧的机体中心线，插秧时中间标杆对准划印器划出的线（图2-22）。

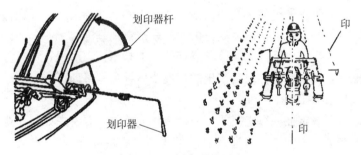

图2-22　划印器的用法

（4）补给秧苗　当插秧机开始作业和苗箱上一行秧苗即将插完时都要补给秧苗。

根据田块的大小和补给秧苗的情况，将一定量的秧苗运放在田头，一般情况下每公顷田需备300～375盘秧苗。

（5）转行　当插秧机在田块中每次插秧作业转行时，可按以下两种方法操作：

方法一：将插植离合器拨到"切断"位置上，降低发动机转速，折回划印器，将液压操作手柄拨到"上升"位置使机体提升，捏动想要旋转一侧的转向离合器，转向靠行后继续插秧。

方法二：将手把往上稍稍抬起（机体稍微往上升高），在这种状态下捏动想要旋转一侧的转向离合器同时扭转机体，注意使浮板不压表土而轻轻旋转，找准位置后放下另一侧划印器后继续插秧。

（6）出入田块方法

①进入田间的方法。完全提起插秧装置，主变速杆放在"1"上，副变速杆放在"低速"上，然后慢慢驶入田间。

②离开田间的方法。完全提起插秧装置，主变速杆放在"后退"上，副变速杆放在"低速"上，然后慢慢从田间出来。

第三节　水稻直播机的选择与安全使用

多数水稻直播机一般自带动力，构成独立作业机组。但也有少数水稻直播机不带动力，需与拖拉机配套作业，构成水稻直播机作业机组。

一、水稻直播的特点

1. 水稻直播的优点

（1）作业速度快，效率高，抢得农时　由于直播稻无育秧过程，水稻的全生育期缩短，因此必须尽快腾茬播种。用直播机作业，每台机器每天可作业 3.5hm² 左右。

（2）作业质量好，有一定的增产潜力　据测试，机直播稻的出苗率可达 90% 以上。

（3）节省了秧田、用工量，降低了生产成本　我国水稻的秧田与大田之比约为 1∶8，这部分面积用于种植其他作物，可获得额外的新增效益。

（4）节约了水资源　水旱直播均比常规移栽节约用水，特别是旱直播比水育秧移栽水稻每公顷可节约用水 6 000～7 500m³。

2. 水稻直播的缺点

（1）比移栽稻要多进行 1～2 次化学除草，且水稻生育期平均缩短 10～20d。

（2）易受气候的影响，如遇低温、连续阴雨，常造成烂种。

（3）对耕整地的要求较高，田间不能有大坎坷、秸秆等。若高低处超过 5cm，就会影响全苗。

（4）产量不稳。

（5）杂草较难控制。

二、水稻直播的工艺流程

水稻直播有旱直播和水直播两种。水稻机械直播工艺流程如图 2-23 和图 2-24。

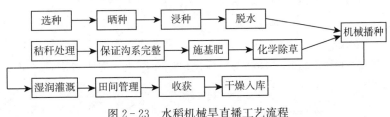

图 2-23　水稻机械旱直播工艺流程

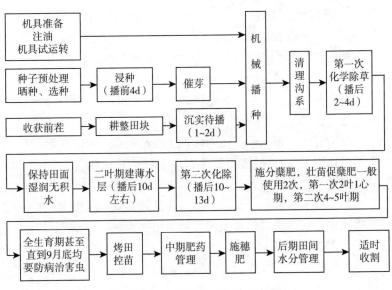

图 2-24　水稻机械水直播工艺流程

旱直播是干耕干整、干田播种，多在前茬作物收获后，采用旋耕播种或免耕播种方法，将稻种播于田间。水直播是水耕水整，田面保持水层或泥浆播种。旱直播播种后一般需要覆土，水直播是将种子播在泥浆表面，或者由压种器将种子轻压入泥。过去多是水直播，近年来，随着免耕（旋耕）播种和农艺技术的发展，旱直播也越来越多。

旱直播的优点是便于控制播种深度和实现旋耕（免耕）播种复式作业，但对土地平整程度和水利等条件要求较高。特别是在旱直播后，采用湿润地栽培，需要有投资较大的田间灌溉系统，以保证大面积稻田的供水要求。采用水直播则有利于放水后平整田面，而且在阴雨天也能正常进行机械播种，但播种深度不易控制。

三、水稻直播机的类型

按照不同的分类方法，水稻直播机可分为不同的类型，如图 2-25 所示。

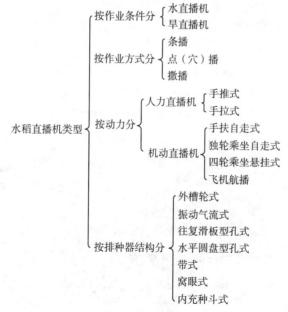

图 2-25 水稻直播机的类型

1. 旱直播机

目前国内使用的旱直播机多为谷物条播机，播种部件采用外槽轮式，如 2BL - 16、2BF - 24 等机型；南方稻麦轮作区多使用少（免）耕条播机，如 2BG - 6A 等机型，使用时加以调整，可满足对播量、播深、行距等方面的农艺要求。还有采用人工撒播，盖籽机覆盖进行旱直播（图 2 - 26）。

图 2 - 26　水稻旱直播机

南方水稻旱直播机结构与旋耕（免耕）播种机相似。图 2 - 27 为与手扶拖拉机配套的水稻旱直播机，该机主要由旋耕碎土装置、播种装置、开沟器、镇压轮及操作机构等组成。

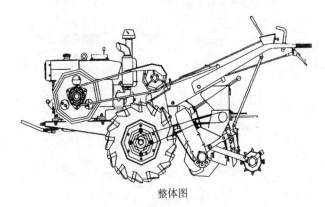

整体图

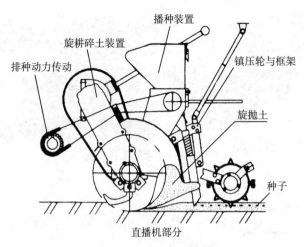

播种装置

旋耕碎土装置

排种动力传动

镇压轮与框架

旋抛土

种子

直播机部分

图 2-27　水稻旱直播机的结构

　　水稻旱直播机是在尚未灌水的田间播种水稻的作业机械，是在留茬田直接浅旋破碎土壤，使其达到播种需要的大小而覆盖种子。排种器由地轮或机具自身的动力驱动排出种子，种子经输种管和安装在后抛土曲线下的播种头落入种沟，后抛土落在种子上进行覆盖，经镇压轮镇压即完成播种作业。根据排种器最小排种量的不同，也可分为常量播种和精量播种。

　　2. 水直播机

　　国产水直播机采用专用底盘设计，独轮驱动，船板仿形结构。动力输出轴动力驱动排种轴旋转，带动外槽轮式排种器排种，经输种管落入田块（图 2-28）。此类机型以沪嘉J-2BD-10型水直播机为代表。也有在2ZT系列插秧机底盘的基础上，加装播种机构而改制成水直播机。这种机型具有直播和机插两用效果，节省投资，但工效略低。

　　水稻水直播机的整机结构主要包括两大部分：行走传动部分和播种工作部分，如图2-29所示。

　　（1）行走传动系统　行走传动系统主要由发动机、动力架、行走传动箱、离合器、操纵转向机构、驱动轮、牵引架、尾轮及船板等组成。

图 2-28　水稻水直播机

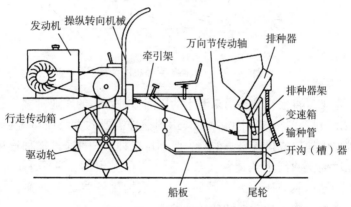

图 2-29　水稻水直播机结构

（2）播种工作部分　是直播稻谷的主要部件，直播质量好坏主要取决于这部分是否调节正确。这部分主要由种子箱、播种器、传动轴、排种漏斗、播种轮和升降杆总成及船底板等组成。

水稻水直播机是在经耕整、耙平后的水田中作业的机械，它具有一套能在道路和水田中移动的行走机构和一套能按特定农艺要求将种子排放在水田内的播种机构。行走转移时，行走驱动轮和尾轮支承机组，发动机动力经驱动轮作用于道路而行走，同时切断播种机构的传动。田间作业时，换上水田驱动轮并拆除尾轮，利用水田驱动轮和船板支承机组，发动机动力经水田驱动轮作用于土壤向前进，船板下面的几何形状在水田表面整压出适合水稻生长的种床和田间沟，播种机构利用直接和间接的动力驱动，完成对种子的分种、排种和落种工作，将种子按要求排放到种床上即完成作业。根据播种机构排种器的不同，可进行常量播种和精量播种作业。

四、水稻直播机的型号

水稻直播机的型号由分类代号、特征代号、主要参数和改进代号等组成。

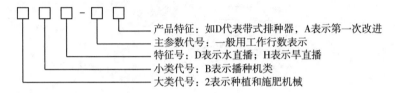

产品特征：如D代表带式排种器，A表示第一次改进
主参数代号：一般用工作行数表示
特征号：D表示水直播；H表示旱直播
小类代号：B表示播种机类
大类代号：2表示种植和施肥机械

型号标识示例：

2BD-6D——表示工作行数为6行，采用带式排种器的水直播机。

五、水稻水直播机的调整

1. 三角传动皮带的调整

三角传动皮带松紧以用手指在三角带中部位置可压下1～2cm为宜。三角皮带的松紧可通过改变发动机在动力架上固定的前后位置来调整，如图2-30所示。

调整方法：拧松发动机固定螺栓，按三角皮带松紧程度前后串动发动机，松紧适宜时拧紧发动机螺栓。

2. 摩擦离合器的调整

离合手柄如在"接合"位置而发动机动力不能传至行走传动箱（三角皮带已调整过）或在"分离"位置发动机动力不能切断时应调整摩擦离合器。

调整方法：打开离合皮带轮端盖，拧下螺母（M16×1.5），拆下离合皮带轮，将调整垫片减少（动力不能传递时）或增加（动力不能切断时）后再重新装复，如图2-31所示。

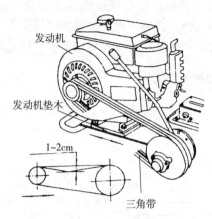

发动机

发动机垫木

1~2cm

三角带

图 2-30 三角传动皮带的调整

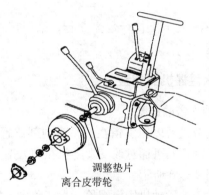

调整垫片

离合皮带轮

图 2-31 摩擦离合器的调整

3. 播种器的检查与调整

使用前播种带要检查试运转，左右张紧度调整一致。播种带张紧度以运转时播种带不打滑，手按带面有轻微下陷。调整后试运转10min 以上，观察播种带是否跑偏，如播种带偏向左侧，则左侧螺栓张紧，右侧螺栓适当放松，继续试运转观察，直至不再跑偏。

4. 播种量的调整

（1）使用前的调整　首先在平坦的地方，使机器空运转 3～

5min，然后根据农艺要求和不同谷种进行播种量调整。其方法是：松动排种器后锁紧螺丝，移动拨杆，一般以 $1m^2$ 内有稻种 $65\sim75$ 粒的播种量为宜。调好后，拧紧锁紧螺丝，以防作业时松动。

（2）水田播种时的调整　因为陆地运转与水田作业时环境有变化，必须再次调整，方法同上，直到符合农艺要求为止。

六、水稻旱直播机的调整

1. 行距、行数的调整

直播机的播种头在行距调节板上是可以移动的，以调整行距。行距调整方法是，先拆除要调整的播种头上方的输种管，然后松开播种头卡座与行距调节板的紧定螺母，按照行距调整标记移动播种头至所需位置，最后紧固螺母并装上输种管。多余的播种头须拆除，以免影响机具通过性。在调整行距的基础上，对需要停止工作的排种器作相应的调整。2BD（H）- 120 型水稻旱直播机的调整方法是：松开工作排种槽轮一侧卡箍上的螺栓，将卡箍掉头使插销朝外，再紧定螺栓即可。

2. 播种头高低的调整

播种深度应根据土壤墒情来确定，一般在天气干旱、土壤墒情较差时播种宜深一些，使种子能与潮土相接触，以提高出苗率；反之，在土壤墒情较好时，可适当浅播。调整时，将固定播种头的螺栓松开，如要浅播可将播种头上移，如欲深播则可将播种头下调，调整好后紧固螺栓。

3. 旋切深度的调整

采用少、免耕机条播，旋切深度是保证抛土量、增加覆盖层厚度的主要因素，因此调整播种深度时必须考虑旋切深度。旋切深度的调整方法：拔出调节孔板和连接板连接用的 $\Phi 10mm$ 圆柱销的保险销，再略抬镇压轮，抽出圆柱销，将所需调整的孔位对好，插进圆柱销并将其保险。调节孔板每上升一孔，则旋切深度加深 10mm。调整好后再试播，看是否达到要求，达不到要求再继续调整。由于旋切深度会引起机具作业负荷的变化，应注意拖拉机动力是否能满足，要避免发生超负荷作业的现象。

4. 各行排量一致性的检查和调整

各行排量一致性的好坏直接关系到播种质量，应按标准进行检查和调整。2BD（H）－120 型水稻旱直播机的调整方法是：将播量指示固定在"0"刻线处，打开种箱盖，检查各大槽排种槽轮是否全部与右挡圈靠紧，若有间隙，松开要调整的排种器两边的卡箍，将大槽排种槽轮移动到位，然后紧固卡箍的螺栓。多功能覆土直播机的调整方法是：转动手轮，使各行排种器刻度盘上的显示一致。

5. 整机播量的调整

2BD（H）－120 型水稻旱直播机的调整方法是：松开播量调节装置的锁紧螺母，将定位套外拉，转动手轮调节播量，调好后将定位套推入，接合好，再锁紧螺母。

七、水稻直播机的作业

1. 水直播机的作业要求

（1）直播机在到达作业地点后应先更换水田轮（水田轮安装位置要正确），再卸下尾轮后，用作业挡（14cm 或 12cm）缓慢进入水田。

（2）进入水田后要根据地块形状选择开行位置、考虑机器作业行走路线和完成直播后的出田位置，尽量减少空驶行程。行走路线如图 2－32 所示。

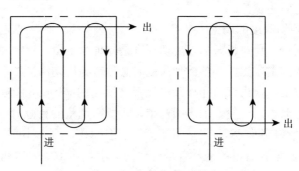

图 2－32　水直播机的田间行走路线

（3）将直播机停在开行位置（直播机距田边留出 1.85m 宽度，直播机船板后面田边也留出 1.85m 宽度），把发动机调整到小油门状态。

（4）调节挂链挂接长度，使船板底平面与地面充分接触（挂链挂接以自然高度为宜，不要拉得太紧使船板前部翘起）。

（5）直播机作业时行走要直，第一趟直播机边与田边要留出一个播幅（通常为 1.85m）的宽度，到最后再播满。

（6）直播作业过程中如遇有涌浪冲走、掩盖已播种子现象时（泥脚过分稀软或水太多）应适当放慢作业速度或排掉过多的水层后再播种。

（7）直播作业到地头时（已播种子距田边还剩 1.85m 宽度），要先将定位分离手柄扳到"离"的位置，然后及时转向（转弯时不准播种），待与前一趟种子平齐位置后再继续直播作业。

（8）每块田直播作业到最后还剩 1 趟作业幅宽时，应在转弯后沿四周播种一圈，这时四个田角为直角转弯，可不分离播种离合器边播种边转弯。

2. 旱直播机的作业要求

（1）起步平稳　合上碎土装置或螺旋器传动动力，小油门慢速前进中合上排种传动，然后加大油门进行播种。

（2）靠行准确　往返作业时，按机具作业的压痕依次相依靠行。

（3）直线作业　手扶拖拉机配套播种机在播种作业中应用推动扶手架掌握方向，尽量避免使用转向离合器，防止产生行走曲折及断垄。轮式拖拉机配套播种机要掌握好方向盘，不要使机具曲线行驶。

（4）观察仔细　作业过程中要注意观察种子储量及堵种、壅土情况，以便随时停机检查，退回重播。

（5）倒车升机　机具倒车时，应抬高机具，以免造成泥土堵塞现象。

（6）转移要点　机具过埂或途中转移时，要分离排种动力和碎土、螺旋装置；手拖播种机行走时，要将镇压轮降到最低位置。

（7）田间掉头 在靠近地头时，应减小油门，至离地头一定距离时（手扶拖拉机播种机 2 个播幅，中型拖拉机播种机 1 个播幅），分离排种离合器，升起机具转弯，在小油门前进中，再合上排种离合器播种。

（8）播种覆土方式 在土壤含水率 20%～30%时，可直接用镇压轮作业覆土；含水率 30%～35%时，改用滑橇作业覆土。

第四节 移栽机的选择与安全使用

移栽机一般均配有底盘和动力，构成独立的作业机组。

一、移栽机的类型

1. 按移栽机的栽植器型式分

可分为钳夹式、链夹式、吊杯式、导苗管式及挠性圆盘式移栽机。

（1）钳夹式移栽机 主要由钳夹式栽植部件、开沟器、覆土镇压轮、传动机构及机架等部分组成。钳夹式移栽机的主要优点是结构简单，株距和栽植深度稳定，适合栽植裸根苗和钵苗。缺点是栽植速度慢，株距调整困难，钳夹容易伤苗，栽植频率低，一般为每分钟 30 株。

（2）链夹式移栽机 链夹式移栽机与钳夹式移栽机的工作过程基本相同。链夹式移栽机的钳夹安装在栽植环形链上，链条一般由地轮驱动。链夹式栽植株距精准，栽植后秧苗的直立度较好，喂苗送苗稳定可靠。但是生产率低，易伤苗，而且栽植速度偏高时易出现漏栽现象。

（3）吊杯式移栽机 主要适合于栽植钵苗，由偏心圆环、吊杯、导轨等工作部件构成。具有膜上打孔的突出优点，而且秧苗落地无冲击，不伤苗，但工作速度受到限制，结构较复杂。

（4）导苗管式移栽机 主要由喂入器、导苗管、栅条式扶苗器、开沟器、覆土镇压轮和苗架等组成，采用单组传动。导苗管式移栽机可以克服回转式栽植器的共同缺点，不伤苗，可以保证较好的秧苗直立度、株距均匀性和深度稳定性，对裸根苗不产生窝根现象，栽植频率一般为每分钟60株。

（5）挠性圆盘式移栽机　主要由机架、供秧输送带、开沟器、栽植器、镇压轮、秧箱以及传动系统组成。由于不受秧苗数量的制约，对株距的适应性较好，因此在小株距移栽方面具有良好的推广前景。圆盘由橡胶制造，结构简单，成本低，但栽植深度不稳定，并且圆盘的寿命较短。

2. 按移栽作物分

可分为油菜移栽机、棉花移栽机、蔬菜移栽机、水稻钵苗移栽机、甜菜移栽机、玉米钵苗移栽机、烟草移栽机、甘草移栽机、甘薯移栽机等。部分移栽机可以适用多种作物移栽作业。

不同型式的移栽机有其各自的特点，适合不同作物移栽的要求。目前国内已有的移栽机主要适用于秧苗株高<30cm，株距>20cm的玉米、甜菜和烟草等作物的移栽。

3. 按移栽作业自动化程度分

可分为简易栽植机、半自动栽植机和自动栽植机三种。

栽植秧苗一般有四道工序，即开沟（或挖穴）、分喂秧、栽植、覆土压密等。栽植机相应的工作部件为开沟器（或挖穴器）、分秧机构、栽植机构、栽植器、覆土压密器（有些机器上还带有浇水系统）。

简易栽植机具有开沟和覆土压密器，栽植时，人工将秧苗直接放入开沟器开出的沟内。

半自动栽植机增加一个栽植器，人工将秧苗放到栽植器内由栽植器栽入沟内。

自动栽植机则从分秧到覆土压实全部由机器完成。

二、移栽机的型号

移栽机的型号由分类代号、特征代号、主要参数和改进代号构成，即：

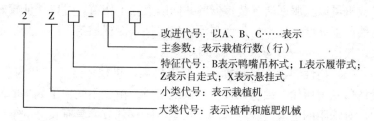

2　Z　□　-　□　□

改进代号：以A、B、C……表示
主参数：表示栽植行数（行）
特征代号：B表示鸭嘴吊杯式；L表示履带式；
Z表示自走式；X表示悬挂式
小类代号：表示栽植机
大类代号：表示植种和施肥机械

型号标识示例：

2ZL - 4B——表示栽植行数为 4 行，第二次改进的履带式移栽机；

2ZX - 3A——表示栽植行数为 3 行，第一次改进的悬挂式移栽机。

三、移栽机的构造

由于半自动栽植机结构简单，工作较可靠，所以目前国内外采用最多。国外用于栽植蔬菜、烟草等，国内用于栽植玉米、高粱等。

无钵苗半自动栽植机由机架、喂秧输送带、开沟器、栽植器、压密轮、秧箱以及传动系统等组成（图 2 - 33）。

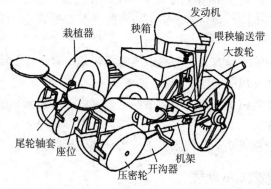

发动机
栽植器　　秧箱
喂秧输送带
大拨轮
尾轮轴套
座位
压密轮　开沟器
机架

图 2 - 33　无钵苗半自动移栽机

工作时，喂秧手将秧苗一钵一钵地放到喂秧输送带的槽内，输送带将秧苗喂入栽植器中，栽植器再把秧苗栽入开沟器开出的沟内。

四、移栽机与拖拉机的安装

把移栽机下悬挂与拖拉机的下悬挂连接，上悬挂与拖拉机的上悬挂拉杆连接，连接好后穿上销轴锁定好。调节悬挂架中间调节杆，使移栽机前后处于水平，再调节液压悬挂左右调节杆，使机架左右处于水平，如图 2-34 所示。

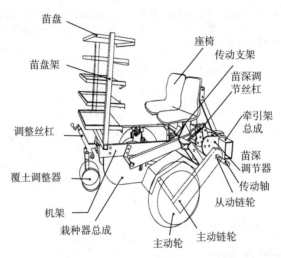

图 2-34　移栽机与拖拉机的安装

（1）首先将栽种器总成与牵引架总成用 U 型螺栓连接。

（2）其次将两主动轮支架用 U 型螺栓按行距要求与牵引架总成连接。

（3）把传动轴穿入到传动支架中，安装从动链轮 Zb 于传动轴上，安装主动链轮 Za 于地轮轴上，再安装链条、链盒盖板。

（4）将苗盘架、座椅分别用螺栓紧固到相应位置上。

（5）将苗深调节器上的丝杠和覆土调整器手柄逆时针旋转调到

终端。

（6）拖动移栽机使牵引架挂架与拖拉机悬挂架对接驶入地头。

（7）根据垄高和垄沟深度调整苗深调节器丝杠和覆土调整器丝杠，结合苗深标尺调至适合要求的栽苗深度。

五、移栽机的调整

1. 株距调整

根据安装栽苗器总成的个数，通过主动链轮（Za）与从动链轮（Zb）的齿数匹配，可以调整所需要的株距，具体见表2-2。

表2-2 株距（cm）与栽苗器个数和链轮 Za、Zb 配置数表

从动链轮齿数（Zb）	14	16	18	14	15	15	15	备 注
栽苗器个数　　1	92	105	118	130	140	156	166	
2	46	53	59	65	70	78	83	
3	31	35	39	43	46	52	55	
4	23	26	29	33	35	39	41	
5	18	21	24	26	28	31	33	
主动链轮齿数（Za）	27	27	27	19	19	17	16	

注：以上株距不满足使用者要求时，应配换链轮。

2. 栽植深度调整

调整苗深调节器丝杠，结合苗深标尺调至适合要求的栽苗深度。

3. 栽植器的工作状态调整

调整栽植机前、后轮相对高低位置，使栽植机处于左右、前后水平的状态。座位的起始位置和终止位置之间应保留大约 2cm 的摆动空间。

4. 拖拉机轮距调整

通过调整栽种器总成在牵引架横梁上的左、右位置，就可达到

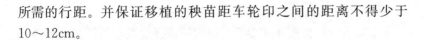

所需的行距。并保证移植的秧苗距车轮印之间的距离不得少于10~12cm。

六、移栽机的安全操作方法

（1）启动后，要检查运行方向是否正确，运行是否达到工作要求。要通过升降移栽机检查移栽机在降到工作位置时机架上平面相对地面是否平行，移栽机机架左、右位置是否平行。如果不平行，要通过调整拖拉机牵引拉杆高度进行平行调整。

（2）开始工作之前拖拉机驾驶员和操作人员要确定"开始"和"停止"信号；放苗人员在拖拉机停稳后坐到座位上，待拖拉机发动平稳后从托盘中取出秧苗并正确放置在苗夹中。

（3）确认株距和行距。通过更换株距链轮可以调整株距，有13种可调株距，即可在19~78cm之间调整；通过调整栽种器总成在牵引架横梁上的左、右位置，就可达到所需的行距。

（4）换行时放苗人员离开机具到安全地段，严禁高速急转弯以及移栽机未完全离地时转弯。

（5）观察栽植的质量，当发现有问题时向拖拉机驾驶员发出停止信号，检查其原因并采取相应的措施。

（6）在工作过程中，镇压轮必须时刻紧紧接触地面，从而完成压密和覆土的工作。拖拉机的液压升降装置调节至"浮动"状态。

第五节　施肥机的选择与安全使用

施肥机一般无动力装置，需与拖拉机配套组成施肥机作业机组进行农田施肥作业。

一、施肥方式

根据作物的营养时期和施肥时间，可把施用的肥料分成基肥、种肥和追肥。

1. 基肥

在播种或移植前先用撒肥机将肥料撒在地表，犁耕时把肥料深翻于土中。或用犁载施肥机，在耕翻时把肥料施入犁沟内。水田常于泡水犁田后，均匀撒入肥料，然后再耙田。

2. 种肥

在播种时将种子和肥料同时播入土中。过去多用种肥混施方法，近几年则广泛采用侧位深施、正位深施等更为合理的种肥施用方法。

3. 追肥

在作物生长期间，将肥料施于作物根部附近；或用喷雾法将易溶于水的营养元素（叶面肥）施于作物叶面上，称为根外追肥。

二、施肥机的类型与结构特点

施肥机械根据肥料种类和施用方式的不同，可分为化肥撒肥机、液氨及氨水施用机、厩肥撒布机、厩液施用机及施肥播种机。各种施肥机的工作原理及结构特点见表2-3。

表2-3　施肥机的工作原理及结构特点

型式	简　图	工作原理及特点
化肥撒肥机　离心圆盘式撒肥机	振动板　排肥活门　排肥板　撒肥盘	主要工作部件是一个由拖拉机动力输出轴带动旋转的撒肥圆盘，盘上一般装有2～6个叶片。工作时，肥箱中的肥料在振动板作用下流到快速旋转的撒肥盘上，利用离心力将化肥撒出。排肥量通过排肥口活门调节。单圆盘撒肥机肥料在圆盘上的抛出位置可以改变，以便在地边左、右单面撒肥，或在有侧向风时调节抛撒面。双圆盘式撒肥机两撒肥盘转向相反，能有选择地关闭左边或右边肥，以便单边撒肥。

（续）

型式	简　图	工作原理及特点
化肥撒肥机 气力式撒肥机	肥箱 风机 传动箱 反射盘	排肥器从肥箱中定量排出肥料至气流输肥管中，由动力输出轴驱动风机产生的高速气流把肥料输送到分布头或凸轮分配器，肥料以很高的速度碰到反射盘上，以锥形覆盖面分布在地表。
摆管式撒肥机	搅肥装置 孔板 摆管	搅肥装置和排肥孔保证向撒肥管中均匀供肥。摆动撒肥管由动力输出轴传动的偏心轴使其作快速往复运动，进入撒肥管的肥料以接近正弦波的形状撒开。此外，还有缝隙式、栅板式、辊式、链指式及转盘式撒肥机。
液氨施用机 施液氨机	加液装置 排液分配器 液氨罐 镇压轮 施肥开沟器 圆盘刀	主要由液氨罐、排液分配器、液肥开沟器及操纵控制装置组成。液氨通过加液阀注入罐内，排液分配器的作用是将液氨分配并送至各个施肥开沟器。 施肥开沟器为圆盘-凿铲式，其后部装有直径为 10mm 左右的输液管，管的下部有两个出液孔。镇压轮用来及时压密施肥后的土壤，以防氨的挥发损失。
施氨水机	液肥箱 开沟器 覆土器	主要部件有液肥箱、输液管和开沟覆土装置等。工作时，液肥箱中的氨水靠自流经输液管施入开沟器所开的沟中，覆土器随后覆盖，氨水施用量由开关控制。

（续）

型式	简　图	工作原理及特点

螺旋式厩肥撒布机

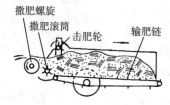

在车厢式肥料箱的底部装有输肥链，输肥链使整车厩肥缓慢向后移动，撒肥滚筒将肥料击碎并喂送给撒肥螺旋。击肥轮击碎表层厩肥，并将多余的厩肥抛向肥箱，使排施的厩肥层保持一定厚度。撒肥螺旋高速旋转将肥料向后和向左右两侧均匀地抛撒。

厩肥撒布机

装肥撒肥机

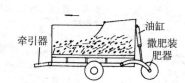

装肥时，撒肥器位于下方，将厩肥上抛，由挡板导入肥箱内。这时，输肥链反传，将肥料运向肥箱前部，使肥箱逐渐装满。撒肥时，撒肥器由油缸升到靠近肥箱的位置，同时更换传动轴接头，改变输肥链和撒肥器的转动方向，进行撒肥。

甩链式厩肥撒布机

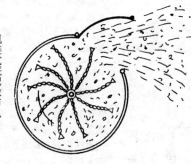

在圆筒形的肥箱内有一根纵轴，轴上交错地固定着若干端部装有甩锤的甩锤链，动力输出轴驱动纵轴旋转，甩锤链破碎厩肥，并将其甩出。除撒布固态厩肥外，还能撒施粪浆。采用侧向撒肥方式可以将肥料撒到机组难以通过的地方，但侧向撒肥均匀度较差，近处撒得多，远处撒得少。

（续）

型式	简　图	工作原理及特点
自吸式厩液施洒机	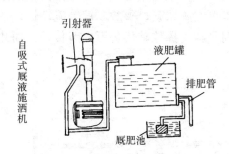	吸液时，液罐尾端的吸液管放在厩液池内，打开引射器终端的气门，发动机排出的废气流经引射器，随流速增大，压力降低，从而使吸气室内的真空度增加并通过吸气室接口所装的吸气管与液罐接通，使液罐内处于负压状态，池内液肥在大气压力作用下不断流入罐内。田间施肥时，关闭气门，打开排液口，发动机排出的废气经压气管（与吸气管共用）进入液罐，对液肥罐内增压，加压液肥从排液管流出，并压送到一定高度喷出。 自吸式厩液施洒机结构简单，使用可靠，不仅可以提高效率、节省劳力，而且有利于环境卫生。

简图中标注：引射器、液肥罐、排肥管、厩肥池

三、化肥深施机具的类型与特点

化肥深施是指用机械或手工工具将化肥按农作物生长所需的数量和化肥位置效应，施于土表以下 6～10cm 的深处。目前以旱地作物应用为主，人力、畜力和机械均能达到深施要求。但是氮肥深施如果由人工开沟（穴）、覆埋，则效率较低，因此只有借助于性能优良的施肥机械，才能大面积推广化肥深施技术。

化肥深施机具按肥料施用方法，可分为犁底施肥机、播种施肥机和追肥机，按配套动力又可分为机力、畜力和人力化肥深施机三类。下面介绍几种主要机型。

1. 犁底施肥机

犁底施肥机通常是在铧式犁上安装肥箱、排肥器、导肥管及传动装置等，在耕翻的同时进行底肥深施。

一种与六铧犁配套的犁底施肥机如图 2-35 所示。该机主要由钢丝软轴、中间传动轴、变速箱、肥箱及排肥装置等组成。工作时，拖拉机动力经动力输出轴、钢丝软轴至变速箱，经过变速箱减速后由链轮带动搅刀-拨轮式排肥器，排出的化肥经漏斗、导肥管、散肥板后均匀地落在犁沟内，然后由犁铧翻土和合墒器将化肥覆盖严密。该机采用搅刀-拨轮式排肥器，可排施吸湿潮解后流动性差的碳酸氢铵，也可兼施尿素、磷酸二铵等流动性好的化肥。采用普通钢丝绳中间吊挂支撑软轴代替万向节传动，简化了传动结构。

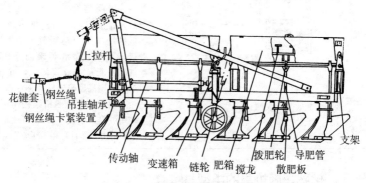

图 2-35　2FLD-1.8 型犁底施肥机

图 2-36 为一种与悬挂双铧犁配套的犁底施肥机示意图。该机采用摆动式排肥器，排肥器由限深轮通过摇杆机构带动，在一定的范围内摆动而将肥料破碎、疏导及排出。排出的化肥经导肥管散落在犁沟内，由犁铧翻土覆盖。该机结构简单，可排施碳酸氢铵等流动性差的化肥，排量及其稳定性受化肥湿度、作业速度、肥箱充满程度等因素的影响小，作业性能稳定。

2. 播种施肥机

如前述，种肥的合理施用方法是种、肥分开深施。一般是在播种机上采用单独的输肥管与施肥开沟器，也可采用组合式开沟器。

（1）组合式开沟器　利用组合式开沟器可以实现正位深施。组

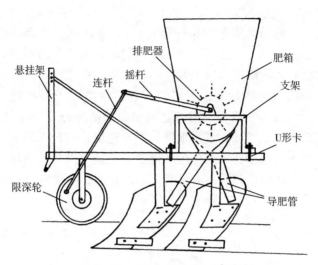

图 2-36　2FL-2 型犁底施肥机

合式开沟器有双圆盘式和锄铲式等（图 2-37），其特点是导肥管和导种管单独设置，导肥管在前，而导种管位于后方，工作原理基本相同。开沟器入土后开出种肥沟，肥料通过前部投肥区落入沟底，被一次回土盖住。种子通过投种区落在散种板上，反射后散落在一次回土上，由二次回土覆盖。

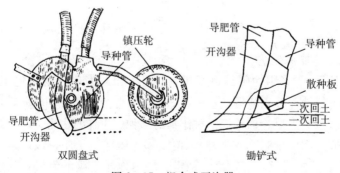

图 2-37　组合式开沟器

（2）谷物施肥沟播机　谷物施肥沟播机采用播后留沟的沟播农

艺和种肥侧位深施的农艺，其机具结构如图 2-38 所示。作业时，镇压轮通过传动装置带动排种器和搅刀-拨轮式排肥器工作，化肥和种子分别排入导肥管和导种管。同时，施肥开沟器先开出肥沟，化肥导入沟底后由回土及播种开沟器的作用而覆盖；位于施肥开沟器后方的播种开沟器再开出种沟，将种子播在化肥侧上方，然后由镇压轮压实。用谷物施肥沟播机进行小麦沟播施肥，可以提高肥效，增加土壤含水量，平抑地温，减轻冻害和盐碱化危害，因而出苗率高，麦株生长健壮，成穗率高。在干旱和半干旱地区中低产田应用，具有显著的增产作用；在灌区高产田增产效果不明显。

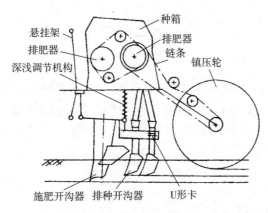

图 2-38　2BFG-6（S）谷物施肥沟播机

3. 追肥深施机

2FT-1多用途碳铵追肥机（图 2-39）为单行畜力追肥机，适用于旱地深施碳酸氢铵，也可兼施尿素等流动性好的化肥，还可用于玉米、大豆、棉花等中耕作物的播种。工作时由畜力牵引，一次完成开沟、排肥（或排种）、覆土和镇压四道工序。该机采用搅刀-拨轮式排肥器，能可靠、稳定、均匀地排施碳酸氢铵；采用凿式开沟器，肥沟窄而深，阻力小，导肥性能良好；换用少量部件可用于播种中耕作物。

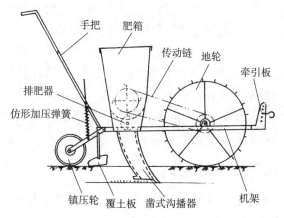

图2-39　2FT-1型多用途碳酸氢铵追肥机

4. 机动水稻施肥器

机动水稻施肥插秧机是一种施肥、插秧复式作业机械，即将水稻施肥器装配在机动插秧机上，进行边施肥、边插秧作业。下面以应用较广的2ZTF型水稻施肥器为例，介绍其构造。

2ZTF型水稻施肥器是为机动水稻插秧机配套的侧条施肥作业机具，可安装在以下机型的插秧机上：如国内生产的2ZT9356B型、2ZT7358型、2ZTR430型及2ZZA-6型、2ZZB-6型，日本生产的NS450型、YP450型、MP450型和韩国生产的PF455型、MSP4U型、KP450型等，如图2-40所示。

图2-40　2ZTF型水稻施肥器安装在机动水稻插秧机上

2ZTF 型水稻施肥器可以在插秧的同时，按照农艺要求，将化肥定量、均匀、准确地施入距秧苗等距、等深的泥中，一次完成开沟、施肥及覆泥的全过程。具有节肥、增产、省工、省力、减少污染的特性，可节肥 30％左右，增产达到 10％，省工 15％，可获得良好的经济效益和社会效益。

2ZTF 型水稻施肥器由机架、肥箱、排肥器总成、输肥管、驱动连杆、开沟器总成及施肥器调节机构等组成。

四、施肥机的使用调整

下面以旋耕施肥播种机为例，介绍施肥机的使用调整。

1. 结构特点

旋耕施肥播种机是将旋耕机和施肥播种机有机结合形成的新型联合作业机具，一次作业可以完成旋耕、播种、施肥、覆土、镇压等多种功能，具有作业效率高、使用经济的特点，在我国推广应用日益广泛。

旋耕施肥播种机主要由机架、旋耕装置、排肥装置、开沟器、排种装置和镇压装置组成，见图 2-41 所示。

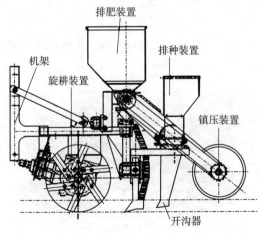

图 2-41　旋耕施肥播种机

2. 旋耕施肥播种机的调整

（1）机具的水平调整 包括机具左右水平的调整和前后水平的调整。与耕深、播深同时调整，方法见耕深调整。

（2）刀轴转速的调整 原则是在保证作业质量的前提下，尽可能提高效率。一般情况下，直接旋耕用低速；整地播种用中速；茎秆切碎用高速，然后再变低速深耕播种。

在变换刀轴转速时，必须切断动力，然后松开上盖板两边M14螺栓，扳动操纵杆到所需刀轴转速（变速牌所示位置），手感觉到钢球到位后，拧紧 M14 螺栓，直至插入拨叉轴槽中，锁紧螺母即可。

（3）提升高度调整 旋耕施肥播种机工作状态时万向节传动轴夹角不得大于±10°，地头转弯时不大于 25°，地头转弯仅提升刀尖离地 15～20cm。如遇过沟坎或路上运输，需要升得更高时，必须切断动力。在田间作业时，要求做最高提升位置的限制，即通过拖拉机液压定位系统调整实现。

（4）耕深的调整 耕作深度的大小，取决于各地农艺要求。

旋耕施肥播种机的耕深调整是通过改变前限深轮和后镇压轮的上下固定位置来实现。调整时，将前限深轮和后镇压轮同时向上调整，则深；同时向下调整，则浅。这样反复调整，直至达到所需耕深和前后水平（前两限深轮必须处于同一位置）为止，锁定前后各自位置（前限深轮调整范围 7.5～17.5cm，后镇压轮调整范围7.5～15cm）。

在正常播种状态时，应保持中央拉杆悬挂销处于机具悬挂架条孔中间位置，同时使拖拉机液压系统处于浮动位置，以保证机具前后仿形，耕深、播深一致。

机具左右、前后水平位置的调整，与耕深调整同时进行。

在调节两限深轮时，要注意左右必须在同一孔位；调节镇压轮时要注意前后孔位，高度对应一致，使机具保持前后的水平状态。

（5）播深调整 播深调整主要是通过改变种管在后梁的上下位置来实现，应注意各种管深度平齐一致。

耕、播深工作部件安装调整好后，必须进行作业前的田间试验。经试验，确认孔位安装正确。播深若不合适，也可调节后镇压轮高度（耕、播深同时调），来达到调节播深的目的。

播玉米时，耕深调节好后，将种（肥）管固定在后梁的最深位置即可。

总之，应根据当地不同的农艺要求、不同的操作环境，灵活使用不同的调节方法。一般情况播种深度小麦 3～6cm，玉米 3～8cm。

（6）行距调整　播种小麦是采用美国一种高产宽幅条播（单播幅 12cm）下种器，行距不需另外调整。

播种玉米时由于各地行距差异较大，因此要进行调整。方法是移动种管在后梁上的位置，即可达到所需行距，如还需更大的行距，可用减少播种行的方法实现。

（7）排肥量的调整　排肥器只适于施颗粒肥，禁止使用失效结块肥和混肥。由于肥料含水量和颗粒大小不同，播施前按农艺要求必须进行实际测试，其方法和小麦排种量的调整方法相同。将测试结果记录表中，以供使用时参考，如表 2-4 所示。尿素与易挥发肥料最大施肥量不得大于 $300kg/hm^2$。

表 2-4　槽轮工作长度与肥料公顷播量记录表

尿素	槽轮工作长度，mm	5	10	15	20	25	30	35	40
	公顷播量，kg								
磷酸二胺	槽轮工作长度，mm	5	10	15	20	25	30	35	40
	公顷播量，kg								

机具各行排种量或排肥量不均匀的调整：移动排种轴或排肥轴上的卡片，消除排种槽轮或排肥槽轮与卡片之间的间隙，使排种槽轮或排肥槽轮工作长度一致。如果某行排种量或排肥量偏大或偏小，可适当调整该行的槽轮工作长度，以达到各行排种量或排肥量一致。

3. 旋耕施肥播种机的使用

（1）使用前的准备　机具出厂后，由于运输，变速箱内的油已放尽，使用前必须加足润滑油至检油孔高度位置。所有黄油嘴应该注足黄油。检查并拧紧全部连接螺栓。各传动部分必须转动灵活并无异常响声。

（2）前进速度的选择　机具前进速度的选择原则是：拖拉机不超负荷，碎土达到农艺要求，种子覆土好，沟底、地表平整，既保证耕播作业正常，又充分发挥拖拉机的额定功率，达到提高工效的目的。

一般情况下，直接旋耕、旋播 2～4km/h，整地 3～6km/h，比阻大的土壤，前进速度小些，反之大些。

（3）机组的起步　启动拖拉机，使机具刀尖离地 15cm，接合动力输出，空转 1～2min，挂上工作挡位，缓慢地松开离合器踏板，同时操作拖拉机液压升降调节手柄，随之加大油门，使机具逐步入土，直至正常耕深为止（前后仿形轮与地面接触）。此时操纵液压手柄，使液压处于浮动位置。机组工作右边靠拢进地工作。

第六节　地膜覆盖机的选择与安全使用

一、地膜覆盖的农业技术要求

地膜覆盖是一项新的保护地面的栽培技术。它是把厚度只有 0.012～0.015mm 的塑料薄膜，用人工或机械的方法紧密地覆盖在畦面上或垄上，以达到增温、保墒、护根、保苗、抑制杂草滋生、促使作物早熟增产的目的。

地膜覆盖的农业技术要求：

（1）良好的整地筑畦质量，畦表层土壤尽量细碎，畦形规整（以横断面呈龟背形为佳）。

（2）薄膜必须紧贴畦面且不得被风吹跑。

（3）薄膜质量要好，厚度适中（以 0.012～0.015mm 为佳）。

（4）薄膜尽量绷紧，覆盖泥土要连续、均匀。

（5）耕整地后，越早覆盖其效果越好。

二、覆膜原理及固膜方式

地膜覆盖机的工作质量好坏主要取决于覆膜的质量和薄膜的固定程度。地膜覆盖机利用压膜轮将塑料薄膜紧贴在畦面上，其工作原理如图 2-42 所示。工作时压膜轮行走在畦两侧斜面下部，压力 P 被分解为 N 及 R，薄膜在 R 力的作用下横向被紧贴在畦上；同时由于放膜架的回转阻力，使薄膜纵向被拉紧，于是随着机器的前进薄膜被紧贴在畦面上。

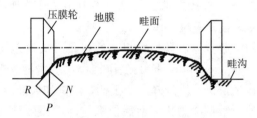

图 2-42　压膜轮工作原理

就地膜覆盖机本身来说，除因性能和功能其结构有所不同外，在结构上差别最大的是薄膜固定装置。它的功用是将压膜轮形成的薄膜张紧状态固定下来且使之不易被风吹走。薄膜固定方式有三种（图 2-43），即覆土、嵌膜和绳索压边。覆土固定方式使用圆盘或犁铧首先开沟起土，将土向外翻，压膜轮将薄膜两侧边压在沟内，并将薄膜绷紧于畦面，然后由圆盘、犁铧或覆土板将起出的土覆入沟内压住薄膜。下面所介绍的几种类型的地膜覆盖机均属覆土固膜方式。由于这种固膜方式使用的是传统的工作部件，且对筑畦质量要求不高，所以被广泛采用。嵌膜式固膜法系利用嵌膜轮将薄膜两侧边直接压入畦侧土中，这种方法工作部件少，工作阻力小，而且在嵌膜的同时薄膜被绷紧，因此对压膜轮的要求不高，只需能压住膜即可；但嵌膜固定对筑畦质量要求高，同时农艺上对其是否影响作物生长尚有一定争论。绳索压边有点类似缝纫，但只有面线而无底线，绳索被插入土中一定深度从而将薄膜缝在地上。此法的优点是除膜方便，只要将绳子从土中抽出即可将薄膜揭除；但其机构复杂，故国产地膜覆盖机均未采用。

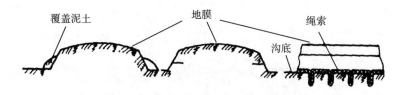

覆盖泥土　　地膜　　绳索　　沟底

图 2-43　地膜固定方法

三、地膜覆盖机的特点

由于地膜覆盖栽培技术的推广和应用，地膜覆盖机械化的发展非常迅速，机械铺膜与人工铺膜相比具有以下优点：

（1）机械铺膜畦面整齐光滑、铺得严、贴得紧、压得实。

（2）作业连续性强。可在五六级风的条件下照常作业，而人工铺膜在四级风时就不好作业。

（3）效率高。大中型拖拉机牵引的地膜覆盖机可提高工效50～60倍；小型拖拉机牵引的地膜覆盖机可提高工效 25 倍左右；人畜力牵引的地膜覆盖机提高工效 15 倍左右。

（4）可降低作业成本，具有明显经济效益。

四、地膜覆盖机的类型与构造

目前我国各地研制的各种类型地膜覆盖机具已达 40 多种，名称繁多，型号各异，但其工作原理和使用方法基本相同。按动力方式不同分为人力式、畜力式和机动式三种类型。按完成作业项目可分为单一地膜覆盖机、作畦地膜覆盖机、播种地膜覆盖机、旋耕地膜覆盖机和地膜覆盖播种机五大类。

1. 单一地膜覆盖机

该机主要由机架、悬挂装置、开沟器、挂膜架、压膜轮和覆土器等部件组成（图 2-44）。工作时能在已耕整成畦的田地上一次完成开沟、覆膜、覆土等作业。

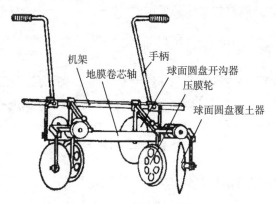

图 2-44 人畜力地膜覆盖机

2. 作畦地膜覆盖机

该机是在单一地膜覆盖机上增添作畦和整形装置（图 2-45）。作业时可在已耕整过的田地上一次完成作畦、整形、覆膜及覆土等多项作业。

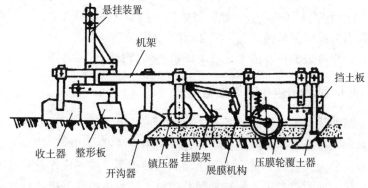

图 2-45 作畦地膜覆盖机

3. 播种地膜覆盖机

将定型的播种机和地膜覆盖机有机组合为一体，在已耕整田地能一次完成播种、镇压和覆膜作业。

4. 旋耕地膜覆盖机

该机是集旋耕、作畦、整形、覆膜及覆土于一体的复式作业机具，适用于覆膜后打孔播种和孔上盖土作业。

5. 地膜覆盖播种机

该机型是先覆膜然后在膜上打孔播种并在孔上盖土，出苗后不需人工放苗，省工安全，能保证苗齐、苗壮、苗全，适用于大面积地膜覆盖播种作业（图 2-46）。

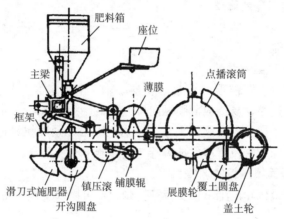

图 2-46 地膜覆盖播种机

五、地膜覆盖机的安全操作

（1）机组起步要平稳，速度要均匀，保证拖拉机直线行驶，作业速度 3～4 km/h 为宜，不得忽快忽慢，以保证覆膜质量。

（2）机具从地头开始作业前，应将膜端头及两侧用土压实封严，两边压在压膜轮下。

（3）作业中，跟机人员要经常检查开沟、起垄、铺膜、压膜、覆土等作业质量，一旦发现问题，立即停机检查。

（4）机组在地头转弯时，留足地头的地膜用量，由跟机人员切断地膜，并将切断部分用土压实，防止被风吹起，然后升起机具再掉头。

（5）地膜段条或中途更换地膜时，接头处应重叠 1m 并用土盖好。

（6）机组运输或田间转移时，应将机具提升至最高位置，必要时可用液压锁紧轴将提升臂锁住。

（7）覆膜作业时，不准倒退或转弯，防止破膜。

六、地膜覆盖机的调整

1. 整形器的调整

封闭式整形器左右侧板间的距离应等于畦宽，不符合要求时可调整左右侧板。

2. 挂膜架的调整

挂膜架靠圆锥顶尖卡紧薄膜卷心轴，卡得过紧，易把薄膜拉断；卡得过松，易造成薄膜纵向拉力不足，覆膜起皱，同时膜卷易震动脱落。调整时必须使夹紧力适当，可松开紧固螺钉进行调整，且挂膜架的左右位置应保证膜卷与整形器中心线重合。

3. 畦面镇压轮的调整

调整镇压轮的上下位置或弹簧张力，可以改变镇压轮对畦面的压力。

4. 压膜轮的调整

压膜轮的压紧力可通过改变压力弹簧的紧度来调整，并注意左右两轮压力一致。压膜轮的横向位置应使压膜轮压在薄膜边缘。

5. 开沟器和覆土器的调整

两者的安装宽度应与作畦宽度相适应。开沟深度或覆土量可通过改变入土深度或偏角大小来调整。

第三章

田间管理作业机械化

随着农业生产的飞速发展，如何提高土地的利用率及如何提高土地单位面积的产量越来越受到人们的重视，加强土壤保护及作物田间管理，防止作物在生长过程中遭受到病菌、害虫和杂草等侵害已成为增产增收的重要措施。及时做好植物保护工作，把病虫害消灭在危害之前，避免造成巨大损失，以达到稳产高产的目的。

田间管理机械是田间管理和植保机械的简称，属于农机具的第3大类机械。根据机械行业标准《农机具产品　型号编制规则》（JB/T 8574—2013）的分类规定，田间管理机械分为中耕机、喷雾器（机）、喷粉机、弥雾机、烟雾机、消毒机、杀虫灯等7个小类，见表3-1。

中耕机、喷雾器、机动喷雾机、喷杆喷雾机、背负式喷雾喷粉机、背负式动力喷雾机、烟雾机等机具在南方应用较多，为此主要介绍这些机具的选择与安全使用知识。另外，航空植保飞机在南方地区开始得到应用，也做介绍。

第一节　中耕机的选择与安全使用

中耕机也称为田间管理机，它主要由工作部件、机架、地轮、牵引或悬挂装置组成。与拖拉机配套构成中耕作业机组，适用于蔬菜、甘蔗、玉米、高粱、烟草、果树、花卉、茶叶等农作物生长过程中的除草、松土、培土、施肥、开沟、起垄等作业。起到疏松地表、消灭杂草、蓄水保墒及促进有机物分解等作用。通过与相配套农机具的组装，中耕机还可以进行喷灌、施药等作业。在平原、山区和丘陵地带应用十分广泛。

表3-1 田间管理机械的分类与特征代号及主参数代号

大类（代号）	小类		分类代号（大类+小类）	代表字	字母	主参数代号	计量单位
田间管理机械（3）	1. 中耕机（3Z）	中耕追肥机	3ZF	肥	FFEI	工作幅宽	m
		水田中耕机	3ZS	水	SHUI	工作幅宽	cm
	2. 喷雾器（机）（3W）	压缩喷雾器	3WS	缩	SUO	药箱容积	L
		背负喷雾器	3WB	背	BEI	药箱容积	L
		踏板喷雾器	3WT	踏	TA	额定流量	L/min
		电动喷雾器	3WD	电	DIAN	药箱容积	L
		单管喷雾机	3WG	管	GUAN	药箱容积	L
		机动喷雾机	3WJ	机	JI	额定流量	L/min
		喷杆喷雾机	3WP	喷	PEN	药箱容积	L
	3. 喷粉机（3F）	喷粉机	3F	粉	FEN	药箱容积	L
		喷雾喷粉机	3WF	雾-粉	WU-FEN	药箱容积	L
	4. 弥雾机（3M）	弥雾机	3M	弥	MI	药箱容积	L
	5. 烟雾机（3Y）	烟雾机	3Y	烟	YAN	以型式定主参数	—
	6. 消毒机（3D）	消毒机	3D	毒	DU	以型式定主参数	—
	7. 杀虫灯（3S）	杀虫灯	3S	杀	SHA	灯管标定功率	W

一、中耕机的类型

中耕机按作业条件和耕作制度可分为旱田中耕机、水田中耕机、垄作中耕机等。

按作业性质可分为全面中耕机、行间中耕机、通用中耕机、间苗机等，其中通用中耕机可以播种和中耕兼用。

按动力可分为人力、畜力、机力三种类型。机力中耕机根据与动力机的连接形式不同分为牵引式、悬挂式、直连式三种，目前使用较普遍的是悬挂式旱田中耕机。

1. 旱地中耕机

目前我国北方地区普遍采用播种中耕通用机，它具有中耕、中耕追肥、中耕培土及播种施肥四种技术状态，可大大提高机具的利用率。中耕状态主要用于除草和松土。

旱作中耕机工作部件（可装配多种工作部件，分别满足作物苗期生长的不同要求）主要类型有除草铲、通用铲、松土铲、培土铲和垄作铧等，如图 3 – 1 所示。

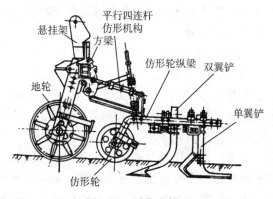

图 3 – 1 旱作中耕机

旱作中耕机根据作物的行距大小和中耕要求，一般将几种工作部件配置成中耕单组，每个单组由几个工作部件组成，在作物的行间作业。各个中耕单组通过一个能随地面起伏而上下运动的仿形机构与机架横梁连接，以保证工作深度一致。通用机架中耕机是在一根主梁上安装中耕机组，也可以换装播种机或施肥机等，因而通用性强，结构简单，成本低。

2. 水田中耕机

水田中耕是水稻增产的重要措施，其作用是消灭杂草、松土，以促进水稻生长。水田中耕是在秧苗返青、分蘖初期到封行前的拔节期间进行的。中耕时间及次数应根据水稻品种特性、土壤质地、气候条件及杂草生长情况而定，一般需进行 3 次行间中耕，中耕深度为 2～6cm。

水田中耕机一般由发动机、离合器、传动装置、工作部件、分禾器、机架、行走轮、支承杆或滑板等部分组成，其类型很多。按工作部件与行走装置的关系可分为驱动型、拖动型与综合型三种。驱动型水田中耕机结构简单，自重小，便于手提转向移行，但硬田的适应性差，传动效率低。拖动型水田中耕机多利用机动插秧机的动力、行走装置和牵引部件，再装上中耕除草部件，生产效率较高、操作轻便、劳动强度小，但工作质量不如驱动型。综合型水稻中耕机，由卧式中耕除草部件与行走轮共同驱动前进，对土质的适应性较好，但结构较复杂。

如图 3-2 是驱动型水田中耕机，其结构包括卧式工作轮、传动装置、发动机、陷深支承装置等部分。其工作部件是大直径工作轮，其轮缘上装有 6～8 组中耕齿，每组中耕齿有三指和四指两种。支承杆起支承限深作用，以控制工作轮的入土深度，其高低位置可根据土壤的松软程度进行调节。

其工作原理为：发动机通过传功装置驱动工作轮旋转，同时，土壤对工作轮的反作用力推动机器直线前进。工作中要求工作轮有很大的滑转，才能在滑转过程中使土壤对中耕齿产生足够的推动力使中耕机前进，滑转本身就是中耕齿切除杂草、挤压翻转土壤，使泥土搅烂的过程，杂草或被压入泥水中或使之漂浮于水面，达到松土除草的目的。所以中耕齿是在滑转中完成中耕的。

中耕作业为使除草辊前进的推波不致倒苗后被压伤，水层深度

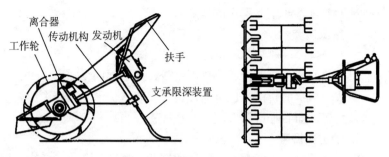

图 3-2　驱动型水田中耕机

不宜过深；水层过浅又会使除草辊沾泥，影响搅土能力，并使牵引阻力增加，水层深度一般在 3.3cm 左右为宜。所以作业时应控制水层深度。

二、中耕机的调整

1. 调整轮式拖拉机的轮距

行间中耕时，拖拉机在作物行间通过，因此必须根据作业要求，调整拖拉机的轮距。可按下式计算合理的轮距（K）：

$$K=b（n-1）+2Z+a$$
$$Z=b-a-y$$

式中，K——合理轮距；

b——作物行距，cm；

n——拖拉机轮间所跨的行数；

Z——轮缘内侧到苗行的距离，cm；

a——拖拉机轮缘宽，cm；

y——轮缘外侧到苗行的距离，cm；

y 与 Z 都应在 10cm 以上。

2. 调整工作幅宽

为保证中耕时不伤苗、不埋苗，中耕机组的工作幅宽及作业行数应与播种机组的工作幅宽和作业行数相同，或后者是前者的整数倍。否则中耕机横跨播种行作业时的接行工作质量差，会造成工作部件对不上行，产生严重伤苗。

3. 耕深调整

松土铲耕深一般为 80mm。松开固定松土铲柄的卡子，可调整松土铲柄的位置，向上调可使耕深变浅，向下调则变深。

调节除草铲的耕深，也可通过调整安装在仿形轮支臂上的调深丝杠来实现。向右拧耕深变浅，向左拧耕深增加。

4. 护苗器调整

通过改变护苗板左右支板固定的销孔来调整护苗带的宽窄。调整时应保持两支板固定的销孔位置相对应，以免致护苗板偏向一侧。

护苗板高度的调整，可通过护苗板支板上的孔和护苗板转动架上的孔进行调整。向上移则护苗板升高，向下移则护苗板降低。

护苗板前后位置的调整，可移动固定在犁辕上的护苗板转动架进行调整。

5. 除草铲的更换与培土器的选择

起垄时用大号除草铲。趟头遍地时用小号除草铲，不带培土器；趟二遍地时用中号除草铲，培土器开度调至中间位置；趟三遍地时用大号除草铲，培土器开度由作业要求和作物种类而定。

6. 行距调整

对有调行机构的中耕机，可扳动操纵杆来调整行距。对没有调行机构的中耕机，可移动前支臂和地轮支臂在主梁上的固定位置来调整行距。

7. 中耕机和拖拉机挂接后的调整

（1）中耕机左右水平的调整　转动拖拉机悬挂机构斜拉杆的调节螺杆，以改变斜拉杆的长度，即可达到调节左右水平。

（2）中耕机前后水平的调整　转动拖拉机悬挂机构中央拉杆的调节螺杆，以改变中央拉杆的长度，即可调节至前后水平。

三、中耕机的质量检查

在第一行程走过 20～30m，即应停车检查以下中耕质量项目：

中耕深度；各行耕深的一致性；锄草、伤苗及埋苗情况等。

为了检查中耕深度，可将已中耕地面弄平，将直尺插到沟底测量，偏差允许±1cm。伤苗率是统计一段苗行内的伤苗数与总苗数之比。

第二节 喷雾器的选择与安全使用

一、喷雾器的类型

喷雾器是指一种小型、人力携带、用来喷洒药液的一种植保机械。

背负式喷雾器是用人力来喷洒药液的一种植保机械，具有结构简单、价格低廉、使用维修方便、操作容易、适用性广等特点，可用于水田、旱地及丘陵山区防治仓储害虫和卫生防疫。它是目前我国农村使用量最大的一种植保机具。

目前，我国生产量较大的喷雾器有背负式喷雾器和压缩式喷雾器，单管喷雾器也有少量企业生产。

喷雾器的分类方式很多，常用的是按结构、药箱材料不同来划分。

按结构分类：可分为背负式喷雾器、压缩式喷雾器、单管式喷雾器、双管式喷雾器、踏板式喷雾器、手提式喷雾器（图3-3）。

按药液箱材料分类：可分为金属喷雾器、塑料喷雾器。

按液泵的驱动方式分类：可分为手动式喷雾器和电动式喷雾器。

1. 背负式手动喷雾器

由药液箱焊接件、唧筒、气室、出水管、手柄开关、喷杆、喷头、摇杆部件和背带系统组成。通过摇杆部件的摇动，使皮碗在唧筒和气室内轮回开启与关闭，从而使气室内压力逐渐升高（最高0.6MPa），药液箱底部的药液经过出水管再经喷杆，最后由喷头喷出雾来。背负式喷雾器从结构讲，有空气室外置和内置两种，它是我国目前使用最广泛、生产量最大的一种手动喷雾器。

背负式手动喷雾器（单管）

背负式手动喷雾器（高压双管）

手提式喷雾器

压缩式喷雾器

背负式电动喷雾器

图 3-3　几种喷雾器

2. 电动喷雾器

由贮液桶、连接头、抽吸器（小型电动泵）、连接管、喷管、喷头依次连接连通构成。电动喷雾器的优点是由于取消了抽吸式吸筒，从而有效地消除了农药外滤伤害操作者的弊害，并且省力，且电动泵压力比手动吸筒压力大，增大了喷洒距离和范围，雾化效果好，省时、省力、省药。

3. 压缩式喷雾器

采用气泵（打气筒）预先将空气压入密闭药箱的上部，对液面加压，再经喷洒部件把药液喷出。它不是持续加压，而是间歇式加压，在喷雾进行到压力下降时即需要再加压，所以也称为预压式喷雾器。为保证压缩式喷雾器较长时间内排液压力稳定，药液只能加到水位线，留出约 30% 的药箱容积用于压缩空气。

4. 踏板式喷雾器

是一种喷射压力高、射程远的手动喷雾器。操作者以脚踏机座，用手推摇杆前后摆动，带动柱塞泵往复运动，将药液吸入泵体，并压入空气室，形成 0.8～1.0MPa 的压力，即可进行正常喷雾。踏板式喷雾器适用于果树、桑树、园林、架棚等植物的病虫害防治。

二、喷雾器的型号

喷雾器型号标记无标准强制性规定，一般常用喷雾器的型号由类别代号、特征代号和主参数三部分组成。

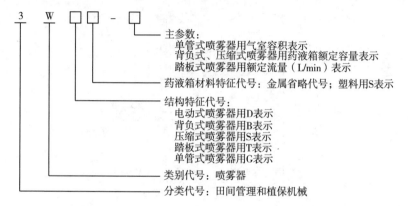

型号标识示例：

3WBS‑16——表示药液箱材料为塑料、额定容量为 16L 的背负式喷雾器。

3WB‑14——表示药液箱材料为金属、额定容量为 14L 的背负式喷雾器。

3WSS‑6——表示药液箱材料为塑料、额定容量为 6L 的压缩式喷雾器。

3WO‑16——表示额定容量为 16L 的背负式电动喷雾器。

3WT‑3——表示额定流量为 3L/min 的踏板式喷雾器。

三、喷雾器的构造

1. 背负式手动喷雾器的构造

背负式手动喷雾机的种类很多，结构也不尽相同，但按其工作原理可归纳为液泵式和气泵式两大类。

（1）液泵式手动喷雾机 主要由药液箱、活塞泵、空气室、胶管、喷杆、开关及喷头等组成（图 3-4）。

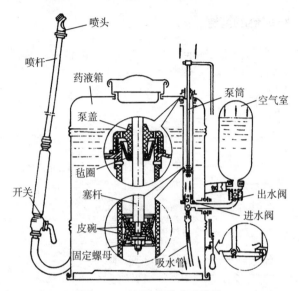

图 3-4　液泵式手动喷雾机

工作时，操作人员上下揿动摇杆，通过连杆机构的作用，使塞杆在泵筒内作往复运动，行程为 60～100mm。

当塞杆上行时，皮碗从下端向上运动，皮碗下面，由于皮碗和泵筒所组成的腔体容积不断增大，因而形成局部真空。这时，药液箱内的药液在压力差作用下，冲开进水球阀，沿着进水管路进入泵筒，完成吸水过程。

当皮碗从上端下行时，泵筒内的药液开始被挤压，致使药液压力骤然增高，进水阀关闭，出水阀被压开，药液即通过出水阀进入空气室。空气室里的空气被压缩，对药液产生压力（可达800kPa），打开开关后，液体即经过喷头喷洒出去。

（2）气泵式手动喷雾机 由药液桶、气泵和喷头等组成（图 3-5）。

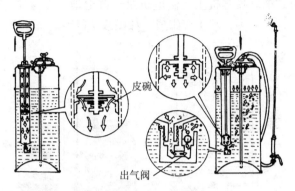

皮碗

出气阀

图 3-5　气泵式手动喷雾机

气泵式手动喷雾机与液泵式手动喷雾机的不同点就是不直接对药液加压,而是用泵将空气压入气密药桶的上部(药液只加到水位线,留出一部分空间以贮存压力空气),利用空气对液面加压,再经喷头把药液喷出。气泵可产生 400~600kPa 的压力。气泵式喷雾机的优点是操作省力,经过两次充气(每次打气 30~40 下),即可喷完一桶(大约 5L)药液。而液泵式工作时,需经常揿动手摇杆,操作人员容易疲劳。

当将喷雾机塞杆上拉时,泵筒内皮碗下方空气变稀薄,压强减小,出气阀在吸力作用下关闭。此时皮碗上方的空气把皮碗压弯,空气通过皮碗上的小孔流入下方。当塞杆下压时,皮碗受到下方空气的作用紧抵着大垫圈,空气只好向下压开出气阀的阀球而进入药液桶。如此不断地上下压塞杆,药液桶上部的压缩空气增多,压强增大,这时打开开关,药液就被压入喷洒部件,成雾状喷出。

2. 背负式电动喷雾机的构造

背负式电动喷雾机是以蓄电池为能源,驱动微型直流电机带动液泵进行工作的一种喷雾机。具有结构简单、操作容易、适用性广的特点,提高了喷雾机的使用工作效率,减轻了农民的负担,它有取代背负式手动喷雾机的趋势,将成为近几年农作物病虫害防治机械的主打产品之一。

背负式电动喷雾机主要由电机泵、蓄电池、充电器、药液箱、胶管、喷杆、开关、喷头等组成，如图3-6所示。

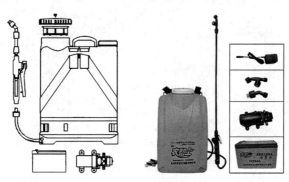

图3-6　背负式电动喷雾机的组成

四、背负式手动喷雾器的使用调整

背负式手动喷雾器使用时，主要特点是要连续摇动摇杆加压，保持液泵内压力的相对稳定，以保证喷雾雾滴相对均匀。但操作时必须注意，要按规定的方法操作，装好药液，盖紧，开始打气（摇动摇杆）。打气时，药液进入空气室，使空气室内的空气被压缩产生压力，当压力达到一定强度时（药液上升到安全水位线）打开药液开关，药液即由喷头喷出形成雾滴，边喷雾边打气，保证空气室内压力稳定，空气室内的水面保持在水位线上下，即可连续喷雾，喷出的雾滴细而飘；若打气慢，空气室内压力不足，空气室内的水位线下降，喷出的药液量就减少，形不成完整的雾形，影响喷雾质量；若停止打气，空气室内的药液排空后，喷头就喷不出雾了。因此在用背负式手动喷雾器进行喷雾时，必须一手拿喷杆喷雾，一手连续均匀地打气，一般要求每分钟打气18～25次，不可打打停停，更不能长时间停打。但也不能速度过快，当摇动手压杆感到沉重时，不能过分用力，以防空气室爆裂，或将喷雾器连接件压断。外置式空气室背负式喷雾器，当空气室中的药液超过安全水位线时，应立即停止打气，以防空气室爆裂。

五、背负式电动喷雾器的使用调整

背负式电动喷雾器的使用调整与背负式手动喷雾器基本相同。

1. 泵的安全使用

叶轮泵的特点是不易发生阻塞，可用于喷洒非水溶性粉剂，但喷洒农药后，叶轮容易受腐蚀磨损引起渗漏。因此，叶轮泵非常容易损坏，维修率高，国内使用叶轮泵的企业很少。

隔膜泵不能用于喷洒非水溶性粉剂，喷洒非水溶性粉剂后，膜片容易发生粘连、磨损或膨胀，造成泵不吸水。如果因特殊原因使用非水溶性粉剂和乳液，则必须在使用后立即用清水将喷雾器和水泵冲洗干净，以减少对机具的损伤。

2. 充电器的安全使用

充电器的正确操作一般是先插电源插头，后打开电源开关充电；充足后，先切断电源开关，后拔插头。如果充电时先拔电源插头，特别是充电电流大（红灯时），非常容易损坏充电器。

充电插座与充电器的插头正负极不能插错，要注意插座上的指示。当充电器使用超过一定的年限时，一些电解电容的电解液会干枯，容量会减少，充电器会发生故障，当充电有异常声响时，应停止使用。

3. 工作压力的调整

背负式电动喷雾器出厂时，一般药箱、蓄电池、电机泵等主要部件均已连接好，用户只需要自己连接喷射部件即可。背负式电动喷雾器的泵的工作压力可调整，一般隔膜泵都是采用压力开关来调整工作压力，需要时只需拧紧或松开隔膜泵泵头上的螺丝，就可以在一定范围内调整到需要的压力。

第三节　机动喷雾机的选择与安全使用

一、机动喷雾机的类型

机动喷雾机是指由发动机带动液泵产生高压，用喷枪进行宽幅远射程喷雾的喷雾机。这类喷雾机具有工作压力高、喷幅宽、效率高、劳动强度低等优点，是一种主要用于水稻病虫害防治的机具，也可用于供水方便的大田作物、果园和园林病虫害防治。

喷射式机动喷雾机根据机械的配套动力不同，可分为便携式、担架式、自走式、牵引式等（图3-7）。

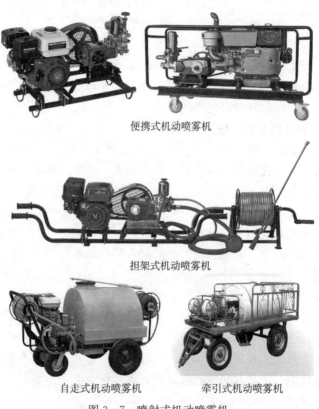

便携式机动喷雾机

担架式机动喷雾机

自走式机动喷雾机　　　　牵引式机动喷雾机

图3-7　喷射式机动喷雾机

二、机动喷雾机的型号

机动喷雾机型号标记，在行业标准《农机具产品　型号编制规则》（JB/T 8574—2013）中有统一规定，一般由类别代号、特征代号和主参数三部分组成。

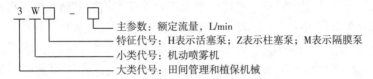

主参数：额定流量，L/min
特征代号：H表示活塞泵；Z表示柱塞泵；M表示隔膜泵
小类代号：机动喷雾机
大类代号：田间管理和植保机械

型号标识示例：

3WH - 20——表示额定流量为 20L/min，活塞泵式机动喷雾机。

3WM - 30——表示额定流量为 30L/min，隔膜泵式机动喷雾机。

三、机动喷雾机的结构原理

1. 机动喷雾机的结构

机动喷雾机主要由机架、发动机（汽油机、柴油机或拖拉机动力输出轴）、液泵、吸水部件、药箱（混药器）、喷射部件组成（图 3 - 8）。

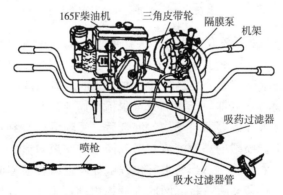

图 3 - 8 喷射式机动喷雾机的组成

2. 机动喷雾机的工作原理

动力式喷雾机种类很多，但其工作原理基本相同，下面以工农 - 36 型机动喷雾机为例介绍其一般构造及工作原理。

图 3-9 所示为工农-36 型机动喷雾机的工作原理示意图。该机可配备小型内燃机，也可配电动机，其基本构造由动力机、喷枪或喷头、调压阀、压力表、空气室、流量控制阀、滤网、液泵（三缸活塞泵）、混药器等组成。工农-36 型机动喷雾机的泵压可达 1 500～2 000kPa，排液量为 36L/min，特点是工作压力高、射程远、雾滴细、效率高，既可用于农田，又可用于草坪、果园等处的病虫害防治。

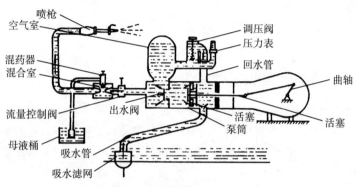

图 3-9　工农-36 型机动喷雾机工作原理示意图

当动力机驱动液泵工作时，水流通过滤网，被吸液管吸入泵缸内，然后压入空气室建立压力并稳定压力，其压力读数可从压力表标出。压力水流经流量控制阀进入射流式混药器，借混药器的射流作用，将母液（即原药液加少量水稀释而成）吸入混药器。压力水流与母液在混药器自动均匀混合后，经输液软管到喷枪，作远射程喷射。喷射的高速液流与空气撞击和摩擦，形成细小的雾滴而均布在农作物上。当要求雾化程度好及近射程喷雾时，须卸下混药器，换装喷头，将滤网放入液箱内即可工作。另外，当喷头（或喷枪）因液流杂质等原因造成堵塞时，药液的喷出量减少，压力升高，则部分药液可从调压阀回流。在田间转移停喷时，关闭流量控制阀，则药液经调压阀回流到回流管中，作内部循环，以免液泵干磨。

四、机动喷雾机的安全操作

（1）对水稻或离水源近的果园等，配用混药器及喷枪就地吸水、自动混药，进行喷射。对低矮作物及用药量小的作物，须配用喷头，直接从药液桶吸药。幼苗期用双喷头，枝叶繁茂的作物用四喷头。

（2）应根据防治要求确定喷射药液稀释浓度，通过查表或测定方法调整混药器。

（3）启动机具前，先使调压阀处于卸压位置。启动后，待泵的排液量正常时，逐渐加压至所需压力。

（4）转移作业地块时，一般应将发动机熄火。如果时间短，也可不熄火，但需先卸压，关闭截止阀，以保证液泵内不脱水，保护机泵。

（5）每天作业结束时，应继续喷洒清水数分钟，清洗液泵和管道内的残留药液，最后排出液泵的存水；把调压手柄向逆时针方向扳开拧松调压轮，使调压弹簧处于松弛状态。

（6）三缸活塞泵工作 200h 后，应更换曲轴箱内的机油。更换前，应放尽污油，用汽油、柴油洗净内部，然后注入新润滑油至油位线处。

（7）长期不用，应彻底排净泵内积水，拆下三角皮带、胶管、喷头、喷管、混药器和吸水管等部件，洗净擦干，随同机体集中放在干燥处。

第四节　喷杆喷雾机的选择与安全使用

一、喷杆喷雾机的类型

1. 按与拖拉机的连接方式分

喷杆式喷雾机可分悬挂式、固定式和牵引式三类（图 3 - 10）。悬挂式喷雾机通过拖拉机三点悬挂装置与拖拉机相连接。固定式喷雾机各部件分别固定地装在拖拉机上。牵引式喷雾机自身带有底盘和行走轮，通过牵引杆与拖拉机相连接。

悬挂式喷杆喷雾机

固定式喷杆喷雾机

牵引式喷杆喷雾机

图 3 - 10 喷杆式喷雾机的类型

2. 按喷杆的型式分

喷杆式喷雾机可分为横喷杆式、吊杆式和气袋式三类。

横喷杆式喷杆水平配置，喷头直接装在喷杆下面，是常用的机型。

吊杆式是在横喷杆下面平行地垂吊着若干根竖喷杆，作业时，横喷杆和竖喷杆上的喷头对作物形成"门"字形喷洒，使作物的叶面、叶背等处能较均匀地被雾滴覆盖。主要用在棉花等作物的生长中后期喷洒杀虫剂、杀菌剂等。

气袋式是在喷杆上方装有一条气袋，由一台风机往气袋供气，气袋上正对每个喷头的位置都开有一个出气孔。作业时，喷头喷出的雾滴与从气袋出气孔排出的气流相撞击，形成二次雾化，并在气流的作用下，吹向作物。同时，气流对作物枝叶有翻动作用，有利于雾滴在叶丛中穿透及在叶背、叶面上均匀附着。主要用于对棉花等作物喷施杀虫剂。这是一种较新型的喷雾机，我国目前正处在研制阶段。

3. 按机具作业幅宽分

喷杆式喷雾机可分为大型、中型和小型三类。

大型喷幅在 18m 以上，主要与功率 36.7kW 以上的拖拉机配套作业。大型喷杆喷雾机大多为牵引式。

中型喷幅为 10～18m，主要与功率为 20～36.7kW 的拖拉机配套作业。

小型喷幅在 10m 以下，配套动力多为小四轮拖拉机和手扶拖拉机。

二、喷杆喷雾机的型号

喷杆喷雾机的型号按《农机具产品　型号编制规则》（JB/T 8574—2013）进行编制，一般由类别代号、特征代号和主参数三部分组成。

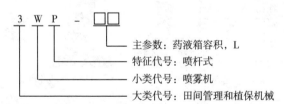

型号标识示例：

3WP‐30——表示药箱容积为 30L 的喷杆喷雾机。

三、喷杆喷雾机的结构

喷杆喷雾机的主要工作部件包括：液泵、药液箱、喷头、防滴装置、搅拌器、喷杆桁架机构和管路控制部件等（图 3‐11）。

喷杆喷雾机的液泵主要有隔膜泵和滚子泵两种。

药液箱用于盛装药液，其容积有 0.2、0.65、1.5 和 2m³ 等。

图 3-11　喷杆式喷雾机

箱的上方开有加液口，并设有加液口滤网；箱的下方设有出液口，箱内装有搅拌器。

适用于喷杆喷雾机的喷头主要有狭缝喷头和空心圆锥雾喷头两种（图 3-12）。狭缝喷头的扁平雾流，在喷头中心部位处雾量多，往两边递减，装在喷杆上相邻喷头的雾流交错重叠，正好使整机喷幅内雾量分布趋于均匀。

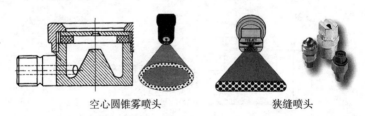

空心圆锥雾喷头　　　　　　　　　　狭缝喷头

图 3-12　喷头的类型

喷杆式喷雾机在喷除草剂时，为了消除停喷时药液在残压作用下沿喷头滴漏而造成药害，多配有防滴装置。防滴装置共有三种：膜片式防滴阀、球式防滴阀、真空回吸三通阀。

喷雾机作业时，为使药液箱中的药剂与水充分混合，防止药剂（如可湿性粉剂）沉淀，保证喷出的药液具有均匀一致的浓度，喷杆喷雾机上均配有搅拌器。

喷杆桁架的作用是安装喷头，展开后实现宽幅均匀喷洒。按喷杆长度的不同，喷杆桁架可以是三节、五节或七节，除中央喷杆外，其余的各节可以向后（图 3-13）、向上或向两侧折叠，以便于运输和停放。

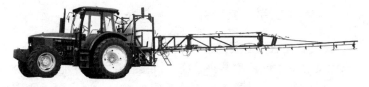

图 3-13 喷杆桁架机构

喷杆喷雾机的管路控制部件一般由调压阀、安全阀、截流阀、分配阀和压力表等组成。其中分配阀的主要作用是把从泵流出的药液均匀地分配到各节喷杆中去，它可以让所有喷杆全部喷雾，也可以让其中一节或几节喷杆喷雾。

四、喷杆喷雾机的使用安装

（1）按要求向泵内注入清洁的润滑油，给隔膜泵的泵腔内加入足够量的清洁 40 号柴机油，并给隔膜泵的气室打足 0.3~0.4MPa 的气压。

（2）将喷雾机的三个挂接点与拖拉机三点悬挂装置挂接，并用锁销锁牢。

（3）将传动轴分别与液泵和拖拉机的后动力输出轴连接。连接时应特别注意两者之间的最短距离，传动轴长时可将液泵后移或截短传动轴，并保持传动轴内外套管留有一定的不重合量，防止顶坏液泵。

（4）提起机具，将喷杆展开，调整拖拉机后提升装置的上拉杆，使整个喷杆平行于地面，从侧面看机具垂直于地面。

（5）经过滤网向药箱内注入清水，清洗药箱。确认无杂物后加入足量清水，将操纵系统上的换向调压阀扳至回水位置。接合传动轴至额定转速，此时应观察药箱内回水状况和搅拌器工作情况。

（6）将手把扳至喷雾位置。顺时针旋转调压手柄，观察雾化情况和压力表，一般工作压力在 0.3~0.5MPa。此时接取一个喷头

1min 的喷量 q，乘以喷头数 n 便是全喷幅每分钟的实际喷量。

（7）关闭喷雾总开关，向药液箱内按农药的使用浓度加入相应比例的农药，然后通过机具液流系统内循环将药液箱中的药液充分搅拌。

五、喷杆喷雾机的调整

1. 安装后整机检查调整

牵引或悬挂式喷杆喷雾机与拖拉机接合在一起才能进行喷洒作业，喷杆喷雾机的连接首先要看喷雾机的规格。对牵引式喷雾机，要了解拖拉机动力输出轴与牵引杆的连接方式和长度、轮距及药箱装水后的牵引重量。对悬挂式喷雾机，要了解药箱的规格、连接点的高度、喷杆高度和宽度等。

喷雾机与拖拉机连接时，要细致检查各连接处的坚固状态，以防止作业时松动。药箱和喷杆管路在安装前要将其中杂物清除干净。检查膜片泵气室是否充气，给泵各传动部分加润滑油，更新损坏的膜片和活门，拧开泵顶盖，看有无损坏零件及加注润滑油。检查操纵部分，并加润滑油，必要时更换气压弹簧和压力表。用气压表检查调压阀气压操作是否正常。装有减震器的喷雾机，螺栓要拧紧，以防减震器降低效果。检查喷杆中弹簧、零件是否需更换，喷杆是否与地面平行。小心清理进水管、加水器、药箱口、喷头滤网，如磨损应更换。检查所有管路，如有老化损坏应及时更换。安装检查完毕后装水试喷，再次检查安装是否合理，有无堵塞、滴漏现象，然后进行各部件调整。

2. 喷头喷杆的安装与调整

喷杆上可采用多种液力喷头。喷头体可以旋在沿喷杆分布的螺纹接头上。通常喷杆装有一种特殊的喷头体夹紧在水平的喷杆上，喷头体与夹子三通相连，用塑料管或耐腐高压胶管连接，喷头间的距离可通过沿喷杆移动喷头体进行调节。喷头可根据喷洒除草剂类型和喷液量选择。

喷杆的安装要与地面平行，高度要适当，过低因受地形影响容易造成漏喷，过高受风影响雾滴覆盖不均匀。喷嘴一般距地面40～

60cm，喷杆过高喷洒不均，喷杆过低易造成漏喷。

喷头与喷头间距为50cm时，喷杆高度应调整到使两个相邻扇形雾面相互重叠1/4。喷头安装在喷杆上，喷雾扇面要与喷杆成5°～10°角，可获得均匀喷洒。当喷杆上多个喷头同时喷雾作业时，通过30％～50％的重叠，使沿喷杆方向上的喷雾分布会尽可能地均匀。

3. 喷液量调整

根据喷洒农药的种类，选择喷液量和喷雾压力。喷洒农药时拖拉机行走速度一般控制在6～8km/h内为宜。

第五节 背负式喷雾喷粉机的选择与 安全使用

背负式喷雾喷粉机（也称弥雾机）是一种在我国广泛使用的既可以喷雾，又可以喷粉的多用植保机械，是采用气流输粉、气压输液、气力喷雾原理，由汽油机驱动的植保机械。

背负式喷雾喷粉机由于具有操纵轻便、灵活机动、生产效率高等特点，广泛用于较大面积的农林作物的病虫害防治工作，以及化学除草、叶面施肥、喷洒植物生长调节剂等工作。它不受地理条件限制，在山区、丘陵地区及零散地块上都很适用。

一、背负式喷雾喷粉机的类型

1. 按风机的工作转速分

可分为5 000、5 500、6 000、6 500、7 000、7 500、8 000r/min等转速背负式喷雾喷粉机，目前5 500r/min以下的背负式喷雾喷粉机的年产量占全部产量的75％以上。工作转速低，对发动机零部件精度要求低，可靠性易保证。但提高工作转速可减小风机结构尺寸，降低整机重量。

2. 按驱动风机功率大小分

可分为0.8、1.18、1.29、1.47、1.70、2.1、2.94kW等背负式喷雾喷粉机。0.8kW的小功率背负式喷雾喷粉机主要用于庭院小块地的喷洒；1.18～2.10kW 的背负式喷雾喷粉机主要用于农作物的病虫害防治；而 2.94kW 以上的大功率背负式喷雾喷粉机，由于其垂直射程较高，用于树木、果树等的病虫害防治。

二、背负式喷雾喷粉机的型号

根据行业标准《农机具产品　型号编制规则》（JB/T 8574—2013）的规定，背负式喷雾喷粉机的型号一般由类别代号、特征代号和主参数三部分组成。

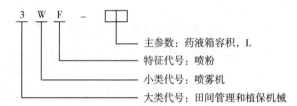

3 W F －□□

主参数：药液箱容积，L
特征代号：喷粉
小类代号：喷雾机
大类代号：田间管理和植保机械

型号标识示例：
3WF－26——表示药箱容积为 26L 的背负式喷雾喷粉机。

三、背负式喷雾喷粉机的结构

背负式喷雾喷粉机主要由离心风机、汽油发动机、药液箱、油箱、喷管和机架等组成（图 3-14）。

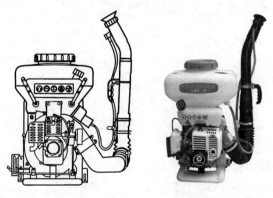

图 3-14　背负式喷雾喷粉机

四、背负式喷雾喷粉机的工作原理

1. 喷雾作业的工作原理

喷雾喷粉机当作喷雾机使用时，药箱内装上增压装置，换上喷头。工作原理：汽油机带动风机叶轮旋转产生高速气流，并在风机出口处形成一定压力。其中大部分高速气流经风机出口流入喷管，而少量气流通过进风门和软管到达药液箱上部对药液增压，药液在风压作用下，经输液管到达弥雾喷头，从喷嘴周围的小孔喷出。喷出的药液流在喷管内高速气流的冲击下，破碎成细小的雾滴，并吹送到远方，如图3-15所示。

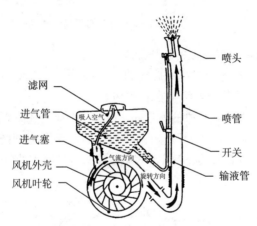

图3-15 背负式喷雾喷粉机的喷雾工作原理

2. 喷粉作业的工作原理

喷雾喷粉机当作喷粉机使用时，箱内安装吹粉管，把输液管换成输粉管。工作原理：发动机带动风机叶轮旋转，产生高速气流。其中，大部分气流经风机出口流入喷管，而少量气流经进风门进入吹粉管。进入吹粉管的气流速度高且具有一定的压力，从吹风管周围的小孔喷出，使药粉松散，并把药粉吹向粉门。喷管内的高速气流使输粉管出口处产生局部真空，大量药粉被吸入喷管，在高速气流的作用下经喷口喷出并吹向远方，如图3-16所示。

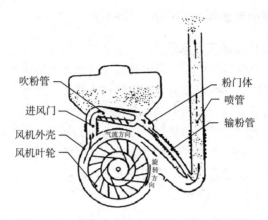

图 3 - 16　背负式喷雾喷粉机的喷粉工作原理

3. 超低量喷雾作业的工作原理

超低量喷雾是通过高速旋转的齿盘将微量原药液甩出，雾化成为 $15 \sim 75 \mu m$ 的雾滴，沉降在农作物上。

在背负式喷雾喷粉机的喷管处，换装一个风力式离心喷头，进行超低量喷雾作业（图 3 - 17）。工作原理：动力带动风机叶轮高速旋转，风机吹出来的大量气流经喷管流入微量喷头，分流锥使气流分散，气

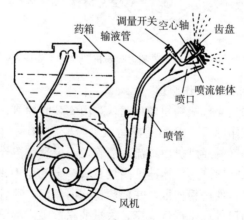

图 3 - 17　背负式喷雾喷粉机超低量喷雾工作原理

流冲击喷头叶轮，使之带动齿盘作高速旋转（10 000r/min）；同时，一小部分气流经软管进入药箱液面上部对药液增压，药液经输液管和调量开关进入齿盘轴，并从轴上的小孔流出，在齿盘离心力作用下甩出细小雾滴，并被高速气流进一步粉碎吹送到远方。

五、喷雾作业方法

组装背负式喷雾喷粉机，使机具处于喷雾作业状态。将透明塑料管、滤网组合、喷雾盖板、输液短管以及药箱下盖密封圈、接管、接管压盖连接起来。将喷粉盖板更换为喷雾盖板时，一定要先将挡粉板取下，然后才能卸下紧固药箱的两个螺母，取下药箱进行更换喷雾盖板（图3-18）。

图3-18 按喷雾作业状态组装背负式喷雾喷粉机

加药前先用清水试喷一次，保证各连接处无渗漏；加药时不要过急过满，以免从过滤网出气口溢进风机壳里；药液必须干净，以免喷嘴堵塞；加药后要盖紧药箱盖。

启动发动机，使之处于怠速运转。背起机具后，调整油门开关使汽油机稳定在额定转速左右，开启药液手把开关即可开始作业。

喷雾作业时应注意：

①开启开关后，严禁停留在一处喷洒，以防对植物产生药害。

②背负式喷雾喷粉机喷洒属飘移性喷洒，应采用侧向喷洒方式，以免身体受药液侵害。

③喷药前首先校正背机者的行走速度，并按行进速度和喷量大小，核算施液量。喷药时严格按照预定的喷量大小和行走速度进行。前进速度应基本一致，以保证喷洒均匀。

④大田作业喷洒可改变弯管方向；喷洒灌木丛时可将弯管口向下，防止雾粒向上飞扬。

六、喷粉作业方法

组装背负式喷雾喷粉机，使机具处于喷粉作业状态。

卸下紧固药箱的两个螺母，取下药箱，取下滤网组合、进气管、输液短管、接管、接管压盖、喷雾盖板，换上喷粉盖板组装、药箱下盖，然后装上药箱，拧紧螺母（图3-19）。

选择粉门拉杆在摇臂上的固定孔及调节粉门拉杆与接头体之间的螺丝，使粉门操纵杆处于最低位置时，粉门为完全关闭状态，旋紧锁紧螺母。

图3-19 按喷粉作业状态组装背负式喷雾喷粉机

喷粉（颗粒）时将产生静电，静电的产生与药剂的种类、气温、空气湿度等因素有关。装配静电链，导线的一端伸入喷管处，并能自由振动；另一端与静电链连接，在弯管处用螺钉固定导线和静电链，并使静电链下垂到地面。为确保同地面接触，可将链下端固定在脚裸处（图3-20）。空气越是干燥，静电发生越激烈，应防止静电产生。

图3-20 静电链的安装

关好粉门后加粉。粉剂应干燥，不得含有杂草、杂物和结块。加粉后旋紧药箱盖。

启动发动机，使之处于怠速运转。背起机具后，调整油门开关使汽油机稳定在额定转速左右，然后调整粉门操纵手柄进行喷撒。

使用薄膜喷粉管进行喷粉时,应先将喷风管从摇把绞车上放出,再加大油门,使薄膜喷粉管吹起来,然后调整粉门喷撒。为防止喷管末端存粉,前进中应随时抖动喷管。

在背负式喷雾喷粉机使用过程中,必须注意防毒、防火等事故发生,尤其应十分重视防毒。因喷洒的药剂,浓度较手动喷雾器大,雾粒极细,田间作业时,机具周围形成一片雾云,很易吸进人体内引起中毒。因此必须从思想上引起重视,确保人身安全。

喷粉作业时应注意:

①背机时间不要过长,应以3～4人组成一组,轮流背负,相互交替,避免背机人长期处于药雾中吸不到新鲜空气。

②背机人必须佩戴口罩,口罩应经常洗换。作业时携带毛巾、肥皂,随时洗脸、洗手、漱口、擦洗着药处。

③避免顶风作业,禁止喷管在作业者前方以八字形交叉方式喷洒。

④发现有中毒状况时,应立即停止背机,求医诊治。

⑤背负式喷雾喷粉机用汽油作燃料,应注意防火。

七、背负式喷雾喷粉机的调整

1. 汽油机转速的调整

机具经修理或拆卸后需要重新调整汽油机转速。

油门为硬联结的汽油机转速调整方法如下:

第1步:安正并紧固化油器卡箍。

第2步:启动汽油机,低速运转3～5min,逐渐提升油门操纵杆至上限位置。若转速过高,旋松油门拉杆上门的螺母,拧紧拉杆下面的螺母;若转速过低,则反向调整。

油门为软联结的汽油机转速调整方法如下:

当油门操纵杆置于调量壳上端位置,汽油机仍不能达到标定转速或超过标定转速时,应按以下方法进行调整(图3-21):

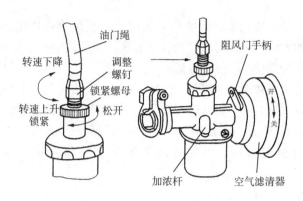

油门绳
转速下降
调整螺钉
锁紧螺母
转速上升锁紧
松开
阻风门手柄
开
关
加浓杆
空气滤清器

图 3-21　汽油机转速的调整

第 1 步：松开锁紧螺母。

第 2 步：向下旋调整螺钉，转速下降；向上旋，转速上升。

第 3 步：调整完毕，拧紧锁紧螺母。

2. 粉门调整

当粉门操纵手柄处于最低位置，粉门关不严，有漏粉现象时，按以下方法调整粉门：

第 1 步：拔出粉门轴与粉门拉杆连接的开口销，使拉杆与粉门轴脱离。

第 2 步：用手扳动粉门轴摇臂，迫使粉门挡板与粉门体内壁贴实。

第 3 步：粉门操纵杆置于调量壳的下限，调节拉杆长度（顺时针转动拉杆，拉杆即缩短；反之拉杆伸长），使拉杆顶端横轴插入粉门轴摇臂上的孔中，用开口销固住。

第四章

收获作业机械化

作物收获是作物生产田间作业的最后一个环节，其季节性强。使用机械收获，可加快收获进度，减轻劳动强度，节省劳动力，减少收获损失。因此，收获小麦、水稻和玉米等的作物收获机械得到日益广泛的应用。

作物的收获过程一般包括收割、脱粒和清选等作业环节。

收获机械属于农机具中的第四大类机械，根据机械行业标准（JB/T 8572—2013）的分类规定，收获机械分为：割晒机、割捆机、谷物联合收割机、半喂入联合收割机、玉米收获机、薯类收获机、甜菜收获机、棉花收获机、采茶机、花生收获机、油菜籽收获机、甘蔗收获机、豆类收获机、葡萄收获机、青饲料收获机、辣椒收获机、茎秆切碎还田机等 16 个小类，见表 4 - 1。

我国广泛应用的粮食收获机械主要有：水稻收获机、小麦收获机、玉米收获机、秸秆粉碎还田机等机械。

第一节　水稻收获机的选择与安全使用

一、水稻收获机的分类

由于我国幅员辽阔、地形复杂，而水稻的种植收获受气候条件、地理环境、耕作制度、经济条件等诸多因素的影响，各地栽种水稻的方式、方法大不相同，从而导致水稻收获机械种类较多，常用的有水稻割晒机、全喂入水稻收获机、半喂入水稻收获机、梳脱式水稻收获机等。

1. 水稻割晒机

水稻割晒机是在小麦割晒机的基础上发展起来的，其结构主要

表 4-1 收获机械的分类与特征代号及主参数代号

大类（代号）	小类	分类代号（大类＋小类）	代表字	字母	主参数代号	计量单位
收获机械（4）	1. 割晒机（4S）	4S	晒	SHAI	割幅	m
	2. 割捆机（4K）	4K	捆	KUN	割幅	cm
	3. 谷物联合收割机（4L）	自走式全喂入联合收割机	4LZ	自	ZI	喂入量	kg/s
		悬挂式（单动力）全喂入联合收割机	4LD	单	DAN	喂入量	kg/s
		悬挂式（双动力）全喂入联合收割机	4LS	双	SHUANG	喂入量	kg/s
		牵引式全喂入联合收割机	4LQ	牵	QIAN	喂入量	kg/s
		半喂入联合收割机	4LB	半	BAN	割幅	cm
		梳穗联合收割机	4LS	穗	SUI	割幅	cm
	4. 玉米收获机（4Y）	自走式玉米收获机	4YZ	自	ZI	行数	行
		悬挂式玉米收获机	4YG	挂	GUA	行数	行

（续）

大类（代号）	小类		分类代号（大类+小类）	代表字	字母	主参数代号	计量单位
收获机械（4）	4. 玉米收获机（4Y）	牵引式玉米收获机	4YQ	牵	QIAN	行数	行
		联合收获机（具有脱粒功能）	4YL	联	LIAN	行数	行
	5. 薯类收获机（4U）		4U	薯	SHU	行数	行
	6. 甜菜收获机（4T）		4T	甜	TIAN	行数	行
	7. 棉花收获机（4M）		4M	棉	MIAN	行数	行
	8. 采茶机（4C）	电动采茶机	4CD	电	DIAN	割幅	cm
		机动采茶机	4CJ	机	JI	割幅	cm
		人力采茶机	4CR	人	REN	割幅	cm
	9. 花生收获机（4H）		4H	花	HUA	以型定主参数	—
	10. 油菜籽收获机（4Z）		4Z	籽	ZI	割幅	cm
	11. 甘蔗收获机（4G）		4G	甘	GAN	行数	行
	12. 豆类收获机（4D）		4D	豆	DOU	行数	行
	13. 葡萄收获机（4P）		4P	葡	PU	行数	行
	14. 青饲料收获机（4Q）		4Q	青	QING	喂入量	kg/s
	15. 辣椒收获机（4A）		4A	椒	JIAO	行数	行
	16. 茎秆切碎还田机（4J）		4J	茎	JING	工作幅宽	cm

由分禾器、扶禾齿、切割器、输送铺放带、自走机构或配手扶拖拉机等构成（图4-1），结构比较简单，作业流程较短，主要用于收割、铺放，没有脱粒清选功能，其作业方式属于分段式收获。与水稻收获机相比，其生产效率低，劳动强度较大，损失也比较多；但与人工收割相比，其劳动生产效率要高5~8倍，收获损失要比人工减少一半。水稻割晒机机型比较简单，性能和可靠性都比较稳定，价格相对便宜。

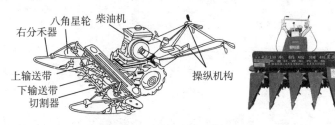

图4-1　手扶式水稻割晒机

2. 半喂入式水稻收获机

半喂入式水稻收获机是将被割下的作物夹持着从收割台输送到脱粒滚筒，但只将作物的上半部喂入滚筒进行脱粒，而茎秆仍然完整保留，可作其他用途（图4-2）。半喂入式可以减少脱粒和清选的功率消耗。目前多数中、小型自走式水稻收获机采用半喂入方式，工作部件的动力由自带的发动机供给，行走部件采用橡胶履带，能够在泥脚深度10cm左右的中、小田块中作业，具有较强的收割倒伏作物的能力。

图4-2　半喂入式水稻收获机

3. 全喂入式水稻收获机

全喂入式水稻收获机采用橡胶履带行走装置和手扶变速器，配上水稻收获机割台、轴流滚筒、风扇等构成（图 4-3）。采用全喂入收获方式时，水稻的茎秆和籽粒全部进入机器。全喂入式机型易受水稻性状和气候环境的影响，尤其不适合收获产量高、含水率高和秆青叶茂的水稻。但其价格相对便宜，可以兼收小麦和大豆，在产量不太高、含水量也不高、倒伏不严重的南方籼稻产区有所使用。

图 4-3　全喂入式水稻收获机

4. 梳脱式水稻收获机

梳脱式水稻收获机采用先进的割前脱粒技术，生产效率高、损失少、功耗低、湿脱湿分离能力强、价格适中、使用经济性好，与全喂入和半喂入机型相比具有显著的技术优势。目前市场上有轮式自走式和履带自走式两种机型。

（1）轮式自走式　无茎秆切割装置收获后茎秆需要进行后续处理，且存在收获粳稻时破碎率较高、无法在湿软田行走等缺陷，适用于北方或长江以北的部分大中型农场使用。

（2）履带自走式　结合我国实际情况自主研制开发的机型，采用了茎秆切割装置，使作物收获和茎秆处理一次完成，生产率比同等功率或幅宽的全喂入或半喂入机型增加 1 倍以上，行走部件普遍采用了橡胶履带，比较适合湿软田。这类机型大多为中、小型，适用于我国稻麦产区及南方部分水稻产区（图 4-4）。

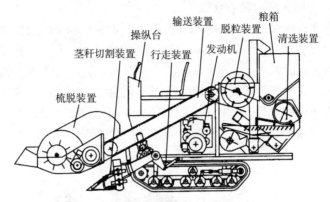

图 4-4　梳脱式水稻收获机（履带自走式）

二、水稻收获机的基本组成

目前在广大农村主要采用半喂入式水稻收获机，为此，本文主要介绍半喂入式水稻收获机的结构特点与故障诊断。

半喂入式水稻收获机均由发动机、底盘和工作装置等三大部分组成（图 4-5）。

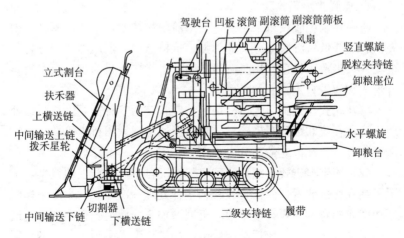

图 4-5　半喂入式水稻收获机的组成

1. 发动机

水稻收获机配套的发动机主要是多缸柴油机，通常为二缸发动机、三缸发动机和四缸发动机，如 2105、490、495、498、498BT、4102 等型号。

2. 传动行走机构

传动行走机构的功用是将发动机的动力通过传动机构传递到收割机的驱动轮，进行动力驱动，驾驶员通过操纵系统可以控制水稻收获机的行驶。

半喂入式水稻收获机主要由无级变速器、行走离合器、变速器、驱动桥、制动器、行走装置等组成。

半喂入式水稻收获机行走传动系统大多采用静液压传动。

3. 收割脱粒部件

半喂入式水稻收获机的收割脱粒部件有：收割脱粒立式割台、中间输送装置、脱粒装置和清选装置等。各部件的工作特点及要求是：割台切割下来的作物要保持整齐；采用较长的夹持输送链夹等完成作物茎秆中间输送并交付脱粒夹持链；作物在脱粒夹持链夹持下穗部进入脱粒滚筒脱粒；由于茎秆在夹持状态下喂入穗部脱粒，因而滚筒上脱粒部件梳脱穗头的功耗低，籽粒损伤少，茎秆可完整输出，省去了分离装置。为了能将作物夹持牢固和保持整齐及为了保证较高的脱净率，夹持链运动速度不能太高，夹持厚度不能太厚，因而限制了这种水稻收获机的生产效率，故半喂入式水稻收获机是一种小型水稻收获机。

4. 操纵控制系统

操纵控制系统主要由电气、液压、操作系统三部分组成（图 4-6）。

（1）电气系统　主要由发电机、蓄电池、启动电机、调节器、指示仪表、控制开关等各种电路元件组成。

（2）液压系统　主要由油泵、油箱、液压阀、管路、油缸等组成。

通过 HST 主变速箱，即可实现控制收割机的行走速度，实施

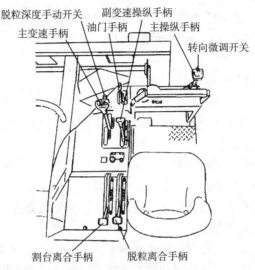

图 4-6　水稻收获机操纵控制系统的组成

前进、倒退和停车，并实现无级变速。割台升降油缸，使割台具有足够的上升高度和适当的工作位置。转向油缸，实现收割机的左右转向。一般配置的转向系统具有手动、液压二级控制，可靠地保证了收割机的转弯质量与行驶安全。

（3）操纵系统　主要由主操纵手柄、副变速操纵手柄、脱粒深度手动调节开关、割台离合器手柄、脱粒离合器手柄、油门手柄、脚踏制动器等组成。

三、水稻收获机的田间作业

为了使水稻收获机能安全有效地进行作业，提高水稻收获机的生产效率，在水稻收获机下田作业之前，应勘察田块的条件和作物的状态是否适合水稻收获机收割，并对收获作业进行合理的组织。

1. 正常条件下收割

水稻收获机进入田间作业之前，首先要根据田块条件、道路条件、水稻收获机的结构性能，选择好进入田块的地点及水稻收获机作业路线，并正确开好割道，然后再选择合适的作业方法进行收割。

（1）进入田块的方法 水稻收获机的结构不同，水稻收获机作业的方向也不同。卸粮台在水稻收获机左侧的水稻收获机，考虑到卸粮的方便，要求水稻收获机沿顺时针方向收割（右转弯作业），即收割时水稻收获机的左侧靠已割区，沿田块的左边开始收割。相反，卸粮台在水稻收获机右边的水稻收获机则要求进行左转弯收割。

水稻收获机进入田块作业，一般从田块的一角进入，对于左转弯作业的水稻收获机，从田块的右角进入，沿地块的右边收割；对于右转弯作业的水稻收获机，则从田块的左角进入，沿地块的左边收割。

少数田块受道路条件的限制，水稻收获机不能从正常地点下地作业，可选择水稻收获机容易下地的地点，先用人工割出一块可调头的空地，待水稻收获机进入田块可调头后，再按正常路线进行作业。

（2）开割道 水稻收获机从田块的右角开始，沿着田块的右边割一趟。割到地头后，水稻收获机倒退10~15m，然后斜着割出第二趟（图4-7）。按同样方法割第三趟，直至水稻收获机可以转弯为止。用

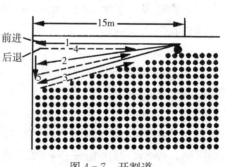

图4-7 开割道

同样方法，把田块的四周及转角处的作物都割掉，然后水稻收获机就可以正常作业了。这种方法不需人工开割道，只需将水稻收获机难以收割的进行人工收割。从田边开始30cm内用人工收割。

开割道时，水稻收获机都是靠近田埂作业，要注意及时提升割

台，防止分禾器、切割器等插入田埂，造成机具损坏。操作技术还不熟练的驾驶员开割道时，四周的一圈尽量用切草机将秸秆切碎或将稻草搬到田埂上，否则已割秸秆易被卷入割台，引起堵塞。

（3）确定割取方向　根据作物倒伏角大小来确定割取的方向。倒伏角是指作物倒伏时与竖直方向的夹角。割取方向一般有：顺割、逆割、左倒伏割、右倒伏割4种方式。

倒伏作物的割取方向见表4-2。

表4-2　倒伏作物的割取方向

割取方向	完全倒伏	中等倒伏	稍微倒伏
顺割	△	○	★
逆割	×	△	△
左倒伏割	△	△	○
右倒伏割	×	△	△

注　★：适合收割；○：注意收割；×：收割困难；△：注意慢慢收割。

（4）收割方法　割道开好后，为提高作业效率，应根据田块的大小、作物情况、土壤湿度等选择合适的作业方法。常用的作业方法有四边收割法和两边收割法两种（以左转弯收割为例）。

①四边收割法。当二趟收割到头后，升起割台，继续前进至后轮或履带将要离开割区时，立即向左约45°转弯，待水稻收获机转过一段距离后，再一边倒退一边向左转弯，使水稻收获机转过90°。当割台正对割区时，停车，挂上前进挡，放下割台，再继续收割。这样一圈接一圈地收割，直至水稻收完。对于长度和宽度相差不多的田块，用这种作业方法收割，生产效率较高，水稻收获机空行程少。四边收割法如图4-8所示。

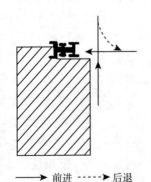

──→前进　-----▶后退

图4-8　四边收割法

②两边收割法。这是一种常见的作业方式，尤其适用于狭长田块。作业时先用四边收割法将田块两头开出3～4行宽的割道，以后只沿田块的长方向收割，水稻收获机割到地头后，绕过已割的田头至另一侧收割。用这种方法作业，机组虽然走了横向空行程，但不用倒车，因而对于狭长田块，时间利用率高，生产效率也比较高。两边割法如图4-9所示。

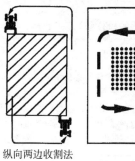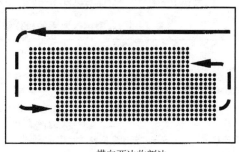

纵向两边收割法　　　　　　　　横向两边收割法

图4-9　两边收割法

③特大田块。为了实现高效割作业，特大田块可采用中割法，如图4-10所示。

2. 复杂条件下的收割

（1）收割高秆大密度水稻

①收获高秆大密度水稻时，易引起水稻输送的紊乱和输送的堵塞，为此必须适当提高割茬高度。如输送效果仍不够理想，应适当降低作业速度或适当减小割幅。

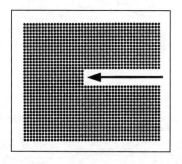

图4-10　特大田块收割方法

②高秆大密度水稻茎秆较长，脱粒负荷较大，必须适当减小脱粒喂入深度，并调整脱粒室导流板角度，适当减少穗头在脱粒室滞留的时间。

③收获高秆大密度水稻如清选负荷较大，可适当调大筛片的开

度，加大风扇的风量。

（2）收割稀矮水稻

①收获稀矮水稻时，部分谷粒不易脱净。因此收获时必须尽可能降低割茬高度，并将脱粒深度调节手柄调至最深位置。

②为提高作业效率，保证输送的效果，可适当提高作业速度。

③为保证良好的清选效果，可适当减小筛片的开度。

（3）收割倒伏水稻　收割倒伏水稻的操作技巧见表4-3。

表4-3　收割倒伏水稻的操作技巧

水稻的状态	变速手柄的位置	
	副变速手柄	主变速手柄
半倒伏状态	置于"高速"位置	从"N"起步，进行收割作业，根据水稻茎秆输送状态，以及发动机的动力，从"1"挡到"5"挡，逐渐提高行驶速度
全倒伏状态	置于"低速"位置	

（4）收割低洼潮湿田块水稻　收割低洼潮湿田块水稻的技巧见表4-4。

表4-4　收割低洼潮湿田块水稻的技巧

操作要点	收割状态	
低速行驶	副变速手柄	置于"低速"位置，或"高速"位置
	主变速手柄	尽量降低挡位，低速行驶
防止水稻收获机机身倾斜	1. 尽量避免在倾斜田块作业； 2. 不能急速转向； 3. 不能急速加速行驶。	
收割路线先硬后软，避免重复碾压	1. 先收割相对田块较硬的水稻，再收割相对田块较软的水稻； 2. 避免同一位置多次转向、碾压，以防过度损坏田面，使水稻收获机下陷过深； 3. 适当加大田头转弯半径； 4. 在泥较深的地方，不要勉强收割，以防陷车。	

（续）

操作要点	收割状态
尽量减轻水稻收获机的重量	1. 辅助人员不要坐在水稻收获机上，应下车； 2. 及时卸粮； 3. 不要碾压草屑、作物等，以防水稻收获机过载。

第二节　小麦收获机的选择与安全使用

一、小麦收获机的类型

小麦收获机可一次性完成小麦的收割、脱粒、清选等项作业。小麦收获机的种类、型号繁多，诸多型号小麦收获机的习惯分类方法主要有按动力供给连接方式分类及按喂入量分类和按喂入方式分类。

1. 按动力供给连接方式分

按动力供给连接方式不同，小麦收获机可分为牵引式、自走式和悬挂式三种（表4-5）。

表4-5　小麦收获机按动力供给连接方式不同的分类

类型	特　点	外形图
牵引式小麦收获机	由拖拉机牵引作业。又分为自配动力和不配备动力装置两种。不配动力的收获机，动力由牵引拖拉机的动力输出供给。 牵引式小麦收获机编组庞大，机动性能差，不适应长途转移和跨区作业，相对而言利用率较低，现已停产。	

（续）

类　型	特　　点	外形图
自走式小麦收获机	自身配置的柴油机驱动，其收割台配置在小麦收获机的正前方，整机设计紧凑，能自行开道，机动性好，生产效率高。自实现跨区作业以来，更充分体现了自走式小麦收获机的优点。目前应用较多，是收割机家族的主导机型。	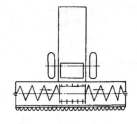
悬挂式小麦收获机	悬挂式小麦收获机分为全悬挂式和半悬挂式两种，收获机悬挂在拖拉机上。悬挂式小麦收获机的优点是价格低廉；缺点是整机配置松散，割、脱中间的过渡带太长，驾驶员视野较差，劳动条件差，每次向拖拉机上装卸都费时费工。目前已逐步被自走式小麦收获机取代。	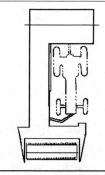

2. 按喂入量分

小麦收获机多数采用全喂入方式，就是将作物的秸秆和穗头全部切割后喂入脱粒装置，然后进行脱粒、清选等作业。按照喂入量或收割台割幅宽度分为大、中、小三种（表4-6）。

表4-6　小麦收获机按喂入量不同的分类

类　型	特　　点	外形图
大型小麦收获机	喂入量在 5kg/s 以上，或是割幅在 3m 以上	

（续）

类型	特 点	外形图
中型小麦收获机	喂入量在 3～5kg/s，或是割幅在 2～3m	
小型小麦收获机	喂入量小于 3kg/s，或是割幅在 2m 以下	

3. 按喂入方式分

按喂入方式不同，小麦收获机可分为全喂入式和半喂入式两种（表 4-7）。

表 4-7 小麦收获机按喂入方式不同的分类

类型	特 点	外形图
全喂入式小麦收获机	即收割下来的小麦穗头和茎秆全部喂入脱粒装置中。若被脱物沿脱粒滚筒的切向流动，则称为切流滚筒式；若被脱物沿脱粒滚筒的轴向流动，则称为轴流滚筒式。	
半喂入式小麦收获机	即仅将割下的谷物的穗头部分喂入脱粒装置中脱粒，而无穗头的部分保持完整。这种类型的收割机主要用于收获小麦。	

二、小麦收获机的总体结构

目前生产上主要采用全喂入自走式小麦收获机，为此，本节主要介绍全喂入自走式小麦收获机的结构特点。

全喂入自走式小麦收获机均由发动机、传动机构、行走机构、收割台、脱粒部分等组成（图4-11）。

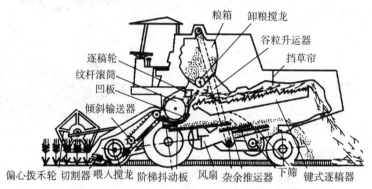

图4-11 轮式自走全喂入小麦收获机的总体结构

1. 发动机

小麦收获机配套的发动机主要是多缸柴油机，通常为二缸发动机、三缸发动机和四缸发动机，如2105、490、495、498、498BT、4102等型号。

2. 底盘部分

传动行走机构的功用是将发动机的动力通过传动机构传递到收割机的驱动轮，进行动力驱动，驾驶员通过操纵系统可以控制小麦收获机的行驶。

全喂入自走式小麦收获机主要由行走无级变速箱、行走离合器、变速箱、制动系统、转向系统等组成（图4-12）。

3. 收割台

它将小麦割下后送入输送槽到脱粒部分。输送槽上端铰接在喂入滚筒两侧壁两端，下端与割台连接，液压缸支撑割台，并控制升

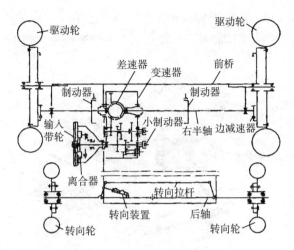

图 4 - 12　小麦收获机的底盘组成

降，用来适应割茬和地隙要求。

　　收割台主要由拨禾轮、拨禾轮升降液压缸、喂入搅龙、割台升降液压缸、过桥链耙、切割器、升降架、倾斜输入器、摆环箱组成（图 4 - 13）。

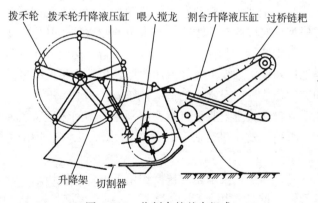

图 4 - 13　收割台的基本组成

4. 脱粒部分

脱粒是收获过程中最重要的环节之一。脱粒部分也是小麦收获机的核心部分，在很大程度上决定了收割机的工作性能和生产效率。脱粒部分主要由脱粒、分离和清选等装置组成（图4-14）。

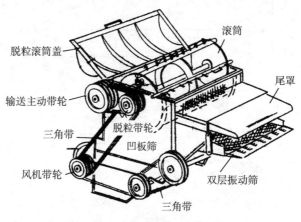

图4-14 脱粒部分

三、小麦收获机的工作过程

1. 轮式自走全喂入小麦收获机的工作过程

轮式自走全喂入小麦收获机是我国长江以北地区使用最为广泛的一类机型，它以收获小麦为主，也可兼收水稻等其他作物。由于配置轮式行走装置，其作业速度范围大、行走运输方便省时，适合一般旱地的作业。如换上宽体低压轮胎，也适用于泥脚较浅的潮湿稻田和坡地作业。但对水田的适应性较差。

全喂入自走式小麦收获机主要由割台、中间输送装置、脱粒清选系统、粮箱、发动机、底盘、驾驶台、液压系统及电气系统等组成。

工作时，作物在拨禾轮的扶持作用下被切割器切割。割下的作物在拨禾轮的推送作用下倒在割台上，割台螺旋推运器（喂入搅龙）将作物从两侧向割台中部集中，经由伸缩耙指将作物送到倾斜输送器（过桥），作物进入脱粒装置（若有石块或坚硬物，则落入滚筒前的集石槽内）。在滚筒和凹板的作用下脱粒，大部分脱出物

（谷粒、颖壳、短碎茎秆）经凹板栅格孔落到阶梯抖动板上。茎秆在逐稿轮的作用下被抛送到键式逐稿器上，经键式逐稿器的抖动，使茎秆中夹带的谷粒分离出来，经键箱底部滑到抖动板上。键面上的长茎秆被排出机外或被粉碎器切断，经抛撒器抛撒于地面。

落在抖动板上的脱出物，在向后移动的过程中，颖壳和碎茎秆浮在上层，谷粒沉在下面。脱出物经过抖动板尾部的梳齿筛，又被蓬松分离，进入清粮筛，在筛子的抖动和风扇气流的作用下，将大部分颖壳、碎茎秆等吹出机外。未脱净的穗头经尾筛落入杂余推运器，经升运器进入脱粒装置进行再一次脱粒（又称复脱）。通过清粮筛筛孔的谷粒，由谷粒推运器和升运器送入粮箱。粮箱装满后，经卸粮装置卸出。轮式自走全喂入小麦的工作过程如图4-15所示。

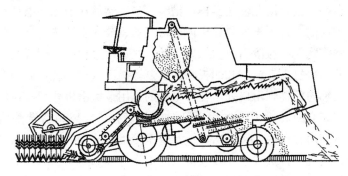

图4-15　轮式自走全喂入小麦的工作过程

2. 全喂入悬挂式小麦收获机（背负式小麦收获机）的工作过程

全喂入悬挂式小麦收获机主要由拖拉机、收割台、输送槽、脱粒机体、悬挂架五大部分组成（图4-16）。割台位于拖拉机的前方，主要用于完成对作物的切割和输送。输送槽位于割台和脱粒机体之间，用于将割台割下的作物输送给脱粒机体。脱粒机体悬挂于拖拉机的后面，用于完成对作物的脱粒、分离、清选、装袋等作业。悬挂架用于将割台、脱粒机体牢固平稳地配置于拖拉机上。

该小麦收获机工作时，分禾器将割区内外作物分开，拨禾轮把

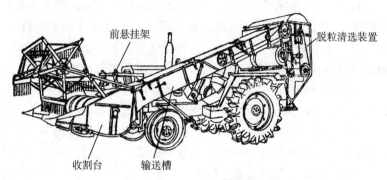

图 4-16　背负式小麦收获机

进入左右分禾器间的作物拨向切割器，被切割器切断的作物茎秆倒向割台，由割台搅龙输送至输送槽喂入口，然后在搅龙伸缩杆和输送槽耙齿的配合下送入脱粒机体进行脱粒、分离和清选。进入脱粒机体的作物在脱粒滚筒内做螺旋运动，在运动过程中受到脱粒滚筒钉齿的多次打击、梳刷和凹板筛的反复揉搓而脱粒。脱粒后的茎秆沿滚筒轴向后移到出口处，在排草轮的作用下抛出机外。脱粒后的谷粒在离心力和重力的作用下穿过凹板筛孔，经风扇清选筛清选后，落到出谷搅龙，再由出谷搅龙送至接粮口装袋。全喂入悬挂式小麦收获机（背负式小麦收获机）的工作过程如图 4-17 所示。

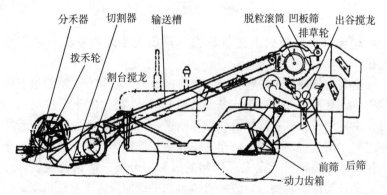

图 4-17　全喂入悬挂式小麦收获机（背负式小麦收获机）的工作过程

四、小麦收获机的田间作业

正确驾驶小麦收获机在田间收获作业，是保证收割质量，提高收割机使用寿命的前提。小麦收获机田间作业步骤：作业前的准备、收割作业（正常条件下的收割作业、复杂条件下的收割作业）、收割质量的检查等。

1. 田间作业前的准备

田间作业前的准备工作主要有驾驶员的准备、小麦收获机的准备、田间准备等。

2. 正常条件的收割作业

（1）正确的操作步骤

第1步：收割机进入麦地前，将收割台升至田埂垂直位置（田埂较高时，必须将田埂挖平或使用跳板）。

第2步：接合收割机的主离合器（小油门接合主离合器，可防止传动带的早期磨损）。

第3步：降下收割台。

第4步：踏下行走离合器踏板。

第5步：挂入需要的挡位。

第6步：缓慢放松行走离合器踏板，放大油门对小麦进行收割。

（2）开割道　合理开割道是减少收获损失、提高生产效率的关键。由于田块的大小和形状不同，开割道的方法也不相同。

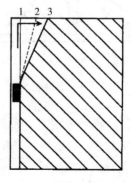

①单块田地开割道（图4-18）。开割道一般从田地的一角开始，为便于卸粮，卸粮台在小麦收获机左边的，收获机沿田块的左边开始。一行割到头后，升起割台，收获机倒退10～15m，然后斜着割出第二行，再倒退收获机，割出

图4-18　单块田地开割道

第三行。这时收获机转弯 90°，用同样的方法开出横方向的割道和另两边割道，把田块四周的割道开好后，便可以顺利地进行收割了。

②多块田地统一开割道（图 4 - 19）。规划比较整齐，又可以同时作业的田块，可以将几块田连起来开割道，分几个小区。小区的长度为宽度的 4～7 倍为宜，然后再分区收割。

（3）收割作业行走路线　进行小麦收割作业，可根据地块形状采用不同的行走路线。

①左旋回转收割法（图 4 - 20）。常用的行走路线是向一边回转收割，卸粮台在右侧的，应使右侧靠近已割区，用左旋回转法进行收割。卸粮台在左侧的，则用右旋回转法进行收割。采用左旋回转法进行收割时，若田头无行车空地，应先在田块两头开出 3～4 个幅宽的割道，然后延长度方向割到头后不倒车，左转弯绕道割区另一边进行收割。

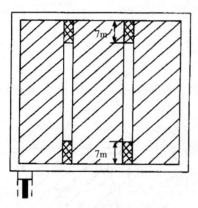

图 4 - 19　多块田地统一开割道

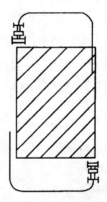

图 4 - 20　左旋回转收割法

②四边收割法（图 4 - 21）。田块较方正时，可采用四边收割法。第一行收获到头后，升起割台，再继续前进至小麦收获机（拖拉机）后轮将脱离割区时，立即向左转弯，待转过 45°时，再边倒车边向左转，使机头转过 90°（由纵向变为横向），割台正好对正横向割区后

停车，挂前进挡，降下割台继续收割。用相同方法一圈一圈地收割，直到收割完为止。

③多区套收割法（图4-22）。多个小区联合作业时，选割第一个小区，割到剩下2～3个割幅未割时，再割第二个小区，再剩下2～3个割幅未割时，将第一、第二两个小区剩余的谷物联合起来进行收割，以减少转弯时间。

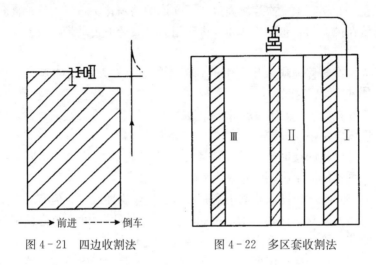

<table>
<tr><td>→前进 -----→倒车</td><td></td></tr>
<tr><td>图4-21 四边收割法</td><td>图4-22 多区套收割法</td></tr>
</table>

（4）选择前进挡位 小麦收获机前进速度的选择主要应考虑小麦产量、自然高度、干湿程度、地面情况、发动机的负荷、驾驶员技术水平等因素。无论是悬挂式还是自走式小麦收获机，喂入量是决定前进速度的关键因素。根据小麦产量确定前进挡位的基本原则见表4-8。

表4-8 根据小麦产量确定前进挡位的基本原则

小麦产量，kg/hm²	小麦收获机的挡位	小麦收获机的前进速度，km/h
≤3 750	Ⅲ挡	8.0～10.0
3 750～7 500	Ⅱ挡	3.5～8.0
>7 500	Ⅰ挡	2.0～4.0

（5）卸粮　卸粮由驾驶员通过卸粮离合器操纵杆实现，下压接合，上提分离。卸粮前，应将出粮斗转到工作位置，固定出粮斗，并提起闸门插板。粮箱卸粮装置使用中应注意：

①收获开始前，应将粮箱内的物品及杂物清理干净。

②卸粮时，去掉插板，再接合卸粮离合；如果粮食不能自由流出，应调整卸粮搅龙分流板，保证卸粮畅通。

③卸粮必须一次连续完成，不允许中间停止。不然大量粮食会滞留在搅龙内，重新工作时，由于阻力过大造成传动带打滑或安全离合器打滑，甚至烧坏。

④在转移地块或作业中遇到障碍物时，要及时把卸粮筒后折90°收起，以免损坏。

⑤在卸粮筒处于"后折90°位置"时，严禁接合卸粮离合器，以免损坏搅龙和万向节。

⑥停机卸粮时，不能用铁木工具在粮箱内搅动，以免损坏叶片，更不能用手脚，防止发生危险。

（6）跨越田埂　收割小麦时，一般应顺田埂收割，但有时需要跨越田埂收割，这样一来，可能使割刀"吃泥"，也可能造成切割器脱落。因此要正确操作，方可避免上述事故。

①当割台接近田埂时，应立即将液压升降手柄向后拉，使割台升起越过田埂。

②当割刀越过田埂后，将液压升降手柄放至原位降下割刀。

③当前轮跨越田埂时，应随着前轮的升高，将液压升降手柄继续向前推，使割刀继续往下降，以保持和地面的距离不变。

④当前轮越过田埂后，随着前轮降低，应将液压升降手柄逐渐拉回到原位，割台相应回到原位，使割茬高度不变。

⑤当后轮越过田埂时，随着后轮的升高，应将液压升降手柄向后拉，让割台升高，防止割刀铲地。

⑥当后轮越过田埂后，应随之降低割台，使割台恢复原位。上述操作过程基本上是连续进行的，驾驶员应熟练掌握。应该注意的是，在收割机跨越田埂的全过程中，必须保持柴油机始终在中大油

门位置，以保持小麦收获机工作部件正常工作，收割机在跨越田埂时要垂直通过。对于过高的田埂应将其铲平。

(7) 田间作业注意事项

①小麦收获机在收麦过程中，应尽量走直线，并稳定在大油门位置，不允许用减小油门的方法降低收割机的行走速度。如果感到柴油机负荷过重时，可以踏下行走离合器切断行走动力，将进入小麦收获机的小麦脱粒完毕，至负荷正常后，再继续前进。

②收割机收割到地头后，应提升收割台，转动转向盘使收割机转弯。地头转弯时，虽然割刀不切割小麦，但是柴油机仍应保持在大油门运转 10~20s，然后方可减小油门进行转弯。

③在收麦时，驾驶员不仅需要操作收割机，而且还要做到：六看、二听、一闻、四不割。

六看：一看前方有无障碍；二看割台小麦喂入输送是否均匀流畅；三看割茬高低；四看粮箱来粮情况；五看尾部出秸秆情况；六看仪表指示是否正常。

二听：一听柴油机声音是否正常；二听割台、脱粒清选部件运转声音是否正常。

一闻：传动带是否有打滑产生高温而发出的气味，行走离合器是否有因调整不当，引起摩擦片打滑而发出的焦味。

四不割：露水太大时不割；小麦不成熟不割；脱粒不净不割；清选不净不割。

3. 非正常条件的收割作业

(1) 不满幅作业 当小麦产量很高或湿度很大，以最低速前进发动机仍超负荷时，就应减少割幅收获。就目前各地小麦产量来看，一般减少到 80% 的割幅即可满足要求，具体应根据实际情况确定。当收获正常产量小麦，最后一行不满幅时，可提高前进速度作业。

(2) 潮湿小麦的收获 在夜间有露水或潮湿天气收获时，小麦潮湿，茎秆含水率高，收割、喂入和脱粒阻力都增加，这时要进行相应的调整：调小滚筒凹板间隙，以保证脱粒干净；提高割茬高度，降低前进速度，以减少喂入量；加大清选筛振幅，以减少堵塞；加大风量、提高风速，提高负压清选装置的气流吸力，减少后滑板角度，降低排杂口的挡板高度，以提高清洁率。

在经过以上调整若仍超负荷，应减小割幅收获。若时间允许，应尽量安排中午以后作物稍微干燥时收获。

（3）干燥小麦的收获 当小麦已经成熟，过了适宜收获期或晴天干燥气候条件收获，茎秆含水率低，易造成割台掉粒损失。这时应将拨禾轮适当调低，以防拨禾轮齿板击打麦穗造成掉粒损失；要加大滚筒凹板间隙，减少齿杆密度，拆除固定钉齿或弓齿，以减轻茎秆破碎和降低功率；同时要减少风量，降低风速，减小负压清选装置的气流吸力，加大后滑板角度，提高排杂口的挡板高度，以减小清选损失。以上作物情况下，即使小麦收获机不超负荷，前进速度也不应过快。若时间允许，应尽量安排在早晨或傍晚，甚至夜间收获。

（4）倒伏小麦的收获 收割倒伏小麦时，拨禾轮应向下、向前调整，板齿倾角应向后倾，以利于扶起谷物，最好逆倒伏方向或与倒伏方向成一定角度收割，并降低小麦收获机的前进速度。

①横向倒伏。横向倒伏的作物收获时，只需将拨禾轮适当降低即可，但一般应在倒伏方向的另一侧收割，以保证作物分离彻底，喂入顺利，减少割台碰撞麦穗造成的麦粒损失。

②纵向倒伏。纵向倒伏的作物一般要求逆向（小麦倒向割台）收获，但逆向收获需小麦收获机空行返回，严重降低了作业效率。当作物倒伏不是很严重时应双向收获。逆向收获时应将拨禾轮板齿调整到向前倾斜 $15°\sim30°$ 的位置，且将拨禾轮降低和向后调整；顺向收获时应将拨禾轮的板齿调整到向后倾斜 $15°\sim30°$ 位置，且使拨禾轮降低和向前调整。

（5）大风天气收获小麦 若在大风天气进行收获作业时，顺风向收割，要加大风量；逆风向收割，要减小风量。

第三节 玉米收获机的选择与安全使用

玉米收获机结构复杂、种类繁多，要能对玉米收获机进行安全使用及进行快速故障诊断与排除，必须了解玉米收获机的结构原理。为此，本节主要介绍玉米收获机的类型、结构原理、产品规格、技术参数。

一、玉米收获机的类型与型号

1. 玉米收获的特点

我国玉米种植地域范围宽广，南北差别较大，由于各地区种植品种和气候条件的不同，收获时玉米的长势和品种成熟特性不同，尤其是茎秆和籽粒的含水率差别很大。所以需用不同的收获机械，采用不同的收获方法。

气候干燥地区或不急于下茬耕种，有充足时间成熟晾晒的地区，在玉米茎秆和籽粒的含水率较低，苞叶干松，果穗易于摘落和剥皮时，可采用一次性收获，果穗直接脱粒，获取籽粒。低温多雨或需抢农时种下茬的地区，一般茎秆和籽粒的含水量都较高，苞叶青湿，紧包果穗，以先摘穗并剥皮晾晒，直至水分降到一定程度时再脱粒为好。若过湿脱粒，将会造成籽粒的大量破碎或损伤，因此采用分段收获比较好。

2. 玉米收获的方法

玉米收获的方法主要有联合收获法和分段收获法两种（表4-9）。

表4-9　玉米收获的方法

玉米收获方法	联合收获法	分段收获法
定义	一次完成摘穗、剥皮收集果穗（或摘穗、剥皮、脱粒），同时对玉米秸秆进行处理（切段青贮或粉碎还田）等项作业的称为玉米联合收获技术。具有这种联合作业功能的机具称为玉米联合收获机。	在玉米成熟时，根据其种植方式、农艺要求，分别用不同机械来完成对玉米的秸秆切割、摘穗、剥皮、脱粒、秸秆处理等作业的称为分段收获技术。在我国大部分地区，玉米收获时的籽粒含水率一般在25%～35%，甚至更高，收获时不能直接脱粒，所以一般采取分段收获的方法。

（续）

玉米收获方法	联合收获法	分段收获法
作业工艺	工艺1：用专用玉米联合收获机，一次完成摘穗、剥皮（或脱粒，此时籽粒湿度应小于30%）、茎秆放铺或切碎抛撒等项作业，然后将不带苞叶的果穗运到场上，经晾晒后进行脱粒。 工艺2：用谷物联合收获机一次完成摘穗、脱粒、分离和清选等项作业。田间的茎秆用其他机械切碎还田。有的玉米割台装有切割器，先将玉米割倒，并整株喂入联合收获机的脱粒装置进行脱粒、分离和清选。	工艺1：用割晒机将玉米割倒、放铺，经几天晾晒后，籽粒湿度降到20%～22%，用机械或人工摘穗和剥皮，然后运至场上用脱粒机脱粒。 工艺2：用摘穗机在玉米生长状态下进行摘穗（称为站秆摘穗），然后将果穗运到场上，用剥皮机进行剥皮而后脱粒，或将果穗直接脱粒，茎秆用机器切碎或用圆盘耙耙碎还田。
对应机型	玉米联合收割机	摘穗机、剥皮机、脱粒机

3. 玉米收获机的类型

（1）按与动力机的连接形式分　可分为自走式、牵引式、背负式、互换割台式四种（表4-10）。

表4-10　玉米收获机按与动力机的连接形式不同分类

类型	特点	外形图
自走式玉米收获机	自走式玉米收获机由自身配置的柴油机驱动，其收割台配置在机器的正前方，能自行开道，机动性好，生产效率高，具有结构紧凑、性能较为完善、作业效率高、作业质量好等优点。虽然造价较高，但目前应用较多。	
背负式玉米收获机	与大型自走式玉米收获机相比，具有价格低廉的优点，购买投资少、见效快、经济效益显著，是一种适合我国国情的玉米收获机械。其缺点是与拖拉机组装工作量大，机组作业时驾驶人员舒适性差。	

（续）

类型	特 点	外形图
牵引式玉米收获机	该机型与拖拉机配套使用，一般为2～3行侧牵引。由于机器为侧牵引，所以在作业前需人工收割开道。加之机组较长，转弯半径大，要求收获作业地块的地头要开阔。该机型与垄距匹配性较差，易推倒或侧向压倒秸秆。其优点是整机配置方便，结构较简单，价格低廉，使用可靠性好。由于动力可与整机分离，在非工作时间动力机可另作他用，提高了动力机的利用率，降低了使用成本。该机种主要应用在大型农场。	
互换割台式玉米收获机	可将小麦收获机的割台换装成玉米割台进行玉米收获作业。该类机型提高了小麦联合收获机的利用率，缩短了投资回收期。应用该机型可实现两种收获方式：一种利用大型小麦联合收获机的工作装置直接收获玉米籽粒，但要求玉米成熟期一致、籽粒含水率较低；另一种通过换装果穗箱完成果穗收集。	

（2）**按摘穗装置的配置方式分** 可分为立辊式玉米收获机和卧辊式玉米收获机（表4-11）。

表4-11 玉米收获机按摘穗装置的配置方式不同分类

类型	特 点	图 形
立辊式玉米收获机	采用割秆后摘穗方式。 立辊式割台特征是摘穗辊轴线沿着机器前进方向稍向前倾斜，且与茎秆夹持输送喂入链所在平面垂直配置。这样，被摘下的果穗能迅速离开摘辊工作表面，有利于减少果穗损伤和落粒损失。 摘辊后面空间开阔，有利于茎秆	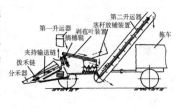

（续）

类型	特　点	图　形
立辊式玉米收获机	的回收与处理。茎秆处理可实现粉碎还田、切碎回收和整株放铺。立辊式割台玉米收获机还具有作业速度快、割茬整齐、秸秆粉碎效果好，利于秸秆腐烂等优点。其缺点是夹持输送部件可靠性差，链条磨损快，易断链。	
卧辊式玉米收获机	采用站秆摘穗方式。 卧辊式割台由于没有夹持输送机构，秸秆被强制喂入摘穗辊内。因此，整机结构简单，使用可靠性高，堵塞情况较配立辊式割台的玉米收获机明显减少。卧辊式割台的摘辊与水平夹角一般小于30°，摘落的果穗在摘辊上面移动距离长，和摘辊接触时间也长，受到摘辊的反复冲击和挤压，易造成籽粒损伤和落粒，加大了整机的损失率。另外，配卧辊式割台的玉米收获机粉碎装置为开放式结构，粉碎效果不如立辊式机型。	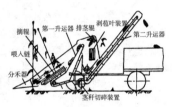

（3）按收获工艺不同分　可分为摘穗型、摘穗剥皮型、直接脱粒型三种（表4-12）。

表4-12　玉米收获机按收获工艺不同分类

分类	工艺特点
摘穗型玉米收获机	摘穗→输送→果穗收集→茎秆粉碎还田
摘穗剥皮型玉米收获机	摘穗→输送→剥皮→果穗收集→茎秆粉碎还田
直接脱粒型玉米收获机	摘穗→输送→剥皮→脱粒→清选→籽粒入粮箱→茎秆粉碎还田

4. 玉米收获机的型号

玉米收获机的产品型号依次由分类代号、特征代号和主参数三部分构成，其中分类代号由大类分类代号和小类分类代号组成，特征代号表示与动力机的配置方式，主参数表示收获玉米的行数。

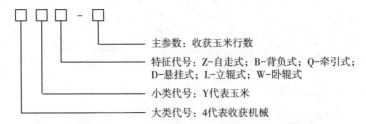

型号标识示例：

4YZ‐4——表示 4 行自走式玉米收获机。

4YD‐3——表示 3 行悬挂式玉米收获机。

4YW‐2——表示 2 行卧辊式玉米收获机。

4YL‐3——表示 3 行立辊式玉米收获机。

5. 玉米收获机的作业技术要求

玉米收获机的作业技术要求主要有：

（1）收获损失小，落地果穗率≤3%，落粒损失率≤2%。

（2）籽粒破碎率低，≤1%。

（3）带有剥苞叶装置的，苞叶剥除干净。

（4）秸秆还田时粉碎效果好，抛撒均匀；秸秆青贮收获时收获率高，切碎均匀。

（5）操作安全，使用维护方便。

（6）工作可靠，适应性强。能够适应不同行距、自然高度、产量、成熟程度甚至倒伏的玉米及不同的种植农艺等。

（7）收获效率高，经济性好。

二、玉米收获机的基本组成与工作过程

1. 玉米收获机的基本组成

玉米收获机主要由工作部件、底盘和发动机三大部分组成。工

作部件由割台、剥皮装置、茎秆粉碎装置、脱粒装置、粮箱等组成；底盘由传动系、转向系、制动系、行驶系、液压系等组成；发动机由曲柄连杆机构、配气机构、供油系、冷却系、润滑系、启动系等组成。典型玉米收获机的基本组成如图4-23。

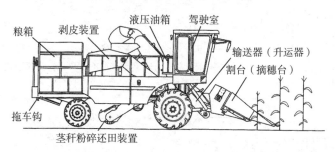

图4-23 玉米收获机的总体组成

2. 玉米收获机的工作过程

（1）立辊式玉米收获机的工作过程 图4-24为立辊式玉米收获机的工作过程。工作时，机器顺行前进，分禾器从根部将玉米秆扶正并引向拨禾链，拨禾链将茎秆推向切割器。割断后的茎秆继续被夹持向后输送，茎秆在挡禾板阻挡下转一角度后从根部喂入摘穗器。摘穗器每行有两对斜立辊，前辊起摘穗作用，后辊起拉引茎秆的作用。在此过程中，果穗被摘下，落入第一升运器并送至剥皮装置。茎秆则落到放铺台上，经台上带拨齿的链条将茎秆间断地堆放于田间。剥去苞叶的果穗落入第二升运器。剥下的苞皮和其中的籽

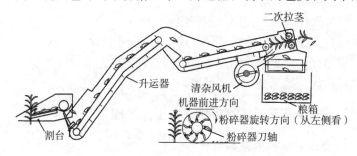

图4-24 立辊式玉米收获机的工作过程

粒在随苞皮螺旋推运器向外运动的过程中，籽粒通过底壳上的筛孔落到下面的籽粒回收螺旋推运器中，经第二升运器，随同清洁的果穗一起送入机后的拖车中，苞皮被送出机外。

若需茎秆还田，可将铺台拆下，换装切碎器，将茎秆切碎抛撒于田间。

（2）卧辊式玉米收获机的工作过程　图4-25为卧辊式玉米收获机的工作过程。工作时，分禾器将茎秆导入茎秆输送装置，在拨禾链的拨送和夹持下，经卧辊前端的导锥进入摘穗间隙，摘下果穗，落入第一升运器，个别带断茎秆的果穗经过第一升运器末端时被排茎辊抓取，进行二次摘穗。果穗落入剥皮装置，剥下苞皮的干净果穗落入第二升运器，送入机后的拖车中。剥下的苞皮及夹在其中的籽粒一起落入苞叶螺旋推运器，在向外运送过程中，籽粒通过底壳上的筛孔落入籽粒回收螺旋推运器中，经第二升运器，随同清洁的果穗送入机后的拖车中，苞皮被送出机外。摘穗后的秸秆被切碎器切碎，均匀地抛撒于地面。

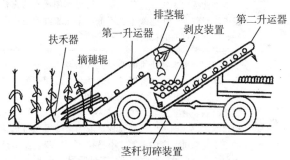

图4-25　卧辊式玉米收获机的工作过程

三、玉米收获机的选购

玉米收获机的品种繁多，要想选购一台称心如意的玉米收获机，并长久使用，是玉米种植地区农民朋友十分关心的问题。从目前玉米收获机的使用情况来看，购买玉米收获机主要应从机型适应性、收益、配套性、售后服务、秸秆处理等方面综合考虑（表4-13）。

表 4 – 13　选购玉米收获机应考虑的几个因素

考虑因素	选购说明
考虑区域适应性	我国目前生产的玉米联合收获机大部分都是要求对行收获，而我国各地玉米种植行距又千差万别，现有的玉米收获机区域适应性都受限制。因此，不对行玉米收获机应是用户的首选机型。不对行玉米收获机适应各种不同的行距，不需要人工开辅助割道，可以从田间不同位置进入作业，作业效率高，非常适合机手进行跨区机收。目前我国不对行玉米收获机的主要机型有 4YW – Q 全幅玉米联合收获机。 　　各区域的收获要求也不尽相同，如有些区域要求剥皮，有些区域不要求剥皮；有些区域是摘穗收获，而有些区域要求直接收获籽粒。因此，在选购时应综合考虑，选择既适合自己区域又满足收获要求的机型。
考虑投资收益	我国目前的玉米收获机主要分为自走式、牵引式和背负式三大类型。自走式机型庞大，价格较贵，投资回收期较长。牵引式机型机组长达 13～15m，不适应小地块。从我国广大农村的种植地块、经济水平和玉米收获机技术水平等因素考虑，目前以选择背负式为宜。背负式机型可以利用现有的拖拉机，一次投资相对较少，作业效率也不低，作业的机动性和操作性都较好，应该是目前的首选机型。
考虑动力配套 （针对背负式机型）	目前配套玉米收获机的拖拉机一般动力都在 50 马力①以上，农户在选择玉米收获机时必须选择与自己现有拖拉机动力相匹配的机型。如 50 马力的拖拉机，可与向农、玉丰、国丰等 2 行玉米收获机相配套。而拥有 550、600、654、700、724 等型拖拉机的农户，则可以选择富康、农哈哈等不对行机型或者 3 行的玉米收获机。应该避免"小马拉大车"或"大马拉小车"的现象，实现拖拉机与收获机的合理匹配。
考虑售后服务	在产品质量方面，应该选购技术成熟、已经定型的产品。在售后服务方面，选购玉米收获机时，要考察销售、生产单位是否具有产品"三包"能力，能否及时供应零配件；在购买时，要看"三证"（产品合格证、三包凭证、使用说明书）是否齐全。

---

　①　1 米制马力=735.499 瓦。——编者注

（续）

考虑因素	选 购 说 明
考虑秸秆处理	现有的玉米联合收获机都配有秸秆粉碎还田机，即在进行摘穗作业的同时，还将玉米秸秆粉碎后抛撒在地里，实现秸秆还田。但是，玉米秸秆作为一种饲料，需求也在不断增加，不少地区的农户要求在收获玉米果穗的时候，保留秸秆，或将粉碎的秸秆回收，用于养殖业。因此，目前有些玉米收获机生产企业为此提供了秸秆回收的方案，这些装置需要用户根据当地实际需要提出要求进行配置。 　　玉米收获前要让玉米收获机进行试收获，调好机具后方可投入正式作业。作业前，要适当调整摘穗辊（或摘穗板）间隙；正确调整秸秆粉碎还田机的作业高度，一般根茬高度 8cm 即可，调得太低刀具易打土，导致刀具磨损过快，动力消耗大，影响机具寿命。按使用说明书的要求做好玉米收获机的保养维护工作。
考虑购机补贴	有《农业机械推广许可证》的产品都经过专业农业机械试验鉴定机构的试验鉴定和质量考核，产品质量比较可靠。国家和地方政府对部分质量可靠的联合收获机产品实行购机补贴，这些产品也都是获得《农业机械推广许可证》产品。因此，要注意农机管理部门的公告，购机时要注意问清所选机型有无《农业机械推广许可证》和有无补贴。 　　由于每一种联合收获机产品，都要经过大量的试验考核和不断的改进与完善，才能够保证性能优良、质量可靠、适应性强。因此，一般不要购买尚未定型的联合收获机，而尽量选择那些经过几年使用，口碑比较好的机型，以免冒不必要的风险。

四、玉米收获机的田间作业

　　正确驾驶玉米收获机在田间收获作业，是保证收割质量、提高收割机使用寿命的前提。玉米收获机田间作业的主要内容包括：作业前的准备、正常条件下的收割方法、复杂条件下的收割方法、收割质量的检查等。

1. 作业前的准备

　　玉米收获机在进行田间作业之前，要进行一些准备工作，主要是驾驶员的准备、玉米收获机的准备、田间准备等。

2. 正常条件下的收割作业

（1）正确的操作步骤

第1步：收割机进入玉米地前，将收割台升至与田埂垂直位置（田埂较高时，必须将田埂挖平或使用跳板）。

第2步：接合收割机的主离合器（小油门接合主离合器，可防止传动带的早期磨损）。

第3步：降下收割台。

第4步：踏下行走离合器踏板。

第5步：挂入需要的挡位。

第6步：缓慢放松行走离合器踏板，放大油门对玉米进行收割。

（2）试割　收获机正常作业之前，必须先进行试割。试割有两个目的：一是为了再一次检查收获机各部件是否还有故障；二是根据实际的工作情况进行必要的调整。方法如下：

机器进入田间后，接合动力挡，使机器缓慢运转。确认无故障时，首先根据作物的种植行距，调整收获机行距；然后将割台液压操纵手柄下压，降落割台到合适位置（摘穗板尽量接近结穗部位）。挂上前进挡（以低速为宜），加大油门，在机器达到额定转速后，放松离合器，使机组前进。此时观察割茬高低，调节液压升降手柄，控制秸秆还田机高度，仔细观察机器各部分的工作情况。

（3）收割作业行走路线。

①左回转收割（图4－26）。玉米收获机的卸粮口一般在机具的右边，因此收获机要进行左回转（逆时针）收割；田块较小时倒车后左回转收割。

②双向收割（图4－27）。田块大到两端足以回转时，进行双向收割。在收割特别大的田块时，可先在中间开道，将田块分成两块以上的地块进行收割，可以提高作业工效。

（4）油门的选择（发动机转速不低于2 000r/min）玉米联合收获机收获作业应以发挥最大的作业效率为原则，在收获时应始终以

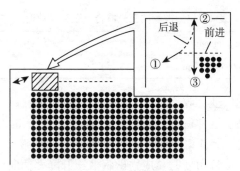

图 4-26　左回转收割

大油门作业，不允许以减小油门来降低前进速度，因为这样会降低滚筒转速，造成作业质量降低，甚至堵塞滚筒。如遇到沟坎等障碍物或倒伏作物需降低前进速度时，可通过无级变速手柄使前进速度降到适宜速度，若仍达不到要求，可踩离合器摘挡停止前进，保持大油门运转10～20s，待收获机内玉米处理

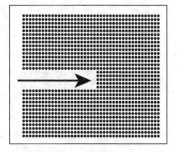

图 4-27　双向收割

完后，再减小油门挂低挡减速前进。悬挂式玉米联合收获机也应采取此法降低前进速度。减油门换挡动作要快，一定要保证再次收割时发动机加速到规定转速。当联合收获机行到地头时，也应继续保持大油门运转10～20s，收获机内玉米脱完并排出机外后再减小油门。

（5）挡位的选择　在收获机使用过程中，单纯以作物的产量高低作为选择挡位的依据是不全面的，影响收获机正常作业的因素是喂入量。因此，应根据作物的品种、高度、产量、成熟程度、割茬高低等情况来选择前进挡位。常用的挡位是慢Ⅰ、Ⅱ挡。作业中，应用前进速度、割茬高度来调整喂入量，使机器在额定负荷下工作，否则会使损失增加及产生堵塞现象。推荐的玉米联合收获机作业速度见表4-14。

表 4-14　推荐的玉米联合收获机作业速度

玉米果穗产量，kg/hm²	4 500～6 000	7 500	9 000～10 500	10 500～15 000
玉米联合收获机前进速度，km/h	6.5～7.5	5.5～6.5	4.5～5.5	4～5

（6）跨越田埂　收割玉米时，一般应顺田埂收割，但有时需要跨越田埂收割，这样一来，可能使割刀"吃泥"，也可能造成切割器脱落。因此，要正确操作，方可避免上述事故。

①当割台接近田埂时，应立即将液压升降手柄向后拉，使割台升起越过田埂。

②当割刀越过田埂后，将液压升降手柄放至原位降下割刀。

③当前轮跨越田埂时，应随着前轮的升高，将液压升降手柄继续向前推，使割刀继续往下降，以保持和地面的距离不变。

④当前轮越过田埂后，随着前轮降低，应将液压升降手柄逐渐拉回到原位，割台相应回到原位，使割茬高度不变。

⑤当后轮越过田埂时，随着后轮的升高，应将液压升降手柄向后拉，让割台升高，防止割刀铲地。

⑥当后轮越过田埂后，应随之降低割台，使割台恢复原位。上述操作过程基本上是连续进行的，驾驶员应熟练掌握。应该注意的是，在收割机跨越田埂的全过程中，必须保持柴油机始终在中大油门位置，以保持机器工作部件正常工作，收割机在跨越田埂时要垂直通过。对于过高的田埂应将其铲平。

（7）玉米秸秆粉碎的操作要点

①作业时，应先将还田机提升至锤爪（锤片）离地面 20～25cm 高度（提升位置不能过高，以免万向节偏角过大而造成损坏），接合动力输出轴，转动 1～2min，挂上作业挡，缓慢松放离合器踏板。同时操作液压升降调节手柄，使还田机逐步降至所需要的留茬高度，随之加大油门，投入正常作业。

②作业时，禁止锤爪打土，防止无限增大扭矩而引起故障。若发现锤爪或甩刀打土时，应调整地轮离地高度或拖拉机上悬挂拉杆长度。

③转弯时应将还田机提升，转弯后方可降落作业。还田机提升、降落时应注意平稳，工作中禁止倒退，路上运输时必须切断拖拉机的后输出动力。

④作业中应注意清除缠草，避开土埂、树桩等障碍物，地头留3～5m的机组回转地带。

⑤作业时若听到有异常响声应立即停车检查，排除故障后方可继续作业。

⑥作业中应随时检查皮带的松紧程度，以免降低刀轴转速而影响粉碎质量和加剧皮带磨损。

（8）卸粮　卸粮由驾驶员通过卸粮离合器操纵杆实现，下压接合，上提分离。

卸粮前，应将出粮斗转到工作位置，固定出粮斗，并提起闸门插板。粮箱卸粮装置使用中应注意：

①收获开始前，应将粮箱内的物品及杂物清理干净。

②卸粮时，去掉插板，再接合卸粮离合；如果粮食不能自由流出，应调整卸粮搅龙分流板，保证卸粮畅通。

③卸粮必须一次连续完成，不允许中间停止。不然大量粮食会滞留在搅龙内，重新工作时，由于阻力过大造成传动带打滑或安全离合器打滑，甚至烧坏。

④在转移地块或作业中遇到障碍物时，要及时把卸粮筒后折90°收起，以免损坏。

⑤在卸粮筒处于后折位置时，严禁接合卸粮离合器，以免损坏卸粮搅龙和万向节。

⑥停机卸粮时，不能用铁木工具在粮箱内搅动，以免损坏搅龙叶片，更不能用手脚，防止发生危险。

3. 非正常条件的收割作业

（1）收获青秸秆玉米　一年两季的地区，为赶农时，玉米收获时秸秆含水量高，容易产生断茎，造成堵塞。

解决该问题的办法是：收获时可将摘穗台放到最低位置，这样有利于摘穗辊拉茎，有利于作业效率的提高，摘穗辊间隙应适当大一些。

（2）收获果穗下垂率高的玉米　一年一季种植的地区，玉米收获时秸秆含水量低，玉米秸秆和茎叶较干，秸秆容易折断挂在扶禾杆上造成堵塞，收获时可将扶禾杆拆去；在开割地头时果穗损失可能要大，还田机不能放低，待人工拣拾完果穗后再粉碎。果穗含水量也较低，容易造成籽粒损失，这时应加上摘穗辊护板，并调整到合适的位置，可有效降低损失率（图4-28和图4-29）。摘穗辊间隙应适当小些，有利于秸秆的抓取。

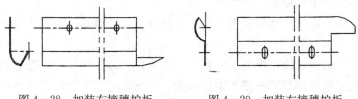

图4-28　加装右摘穗护板　　　　图4-29　加装左摘穗护板

（3）收获结穗部位高的玉米　收获结穗部位高的玉米时，可适当抬高摘穗台。另外，为了增加摘穗辊的拉茎能力，可在摘穗辊的表面焊接直径为8mm的圆钢。

4. 玉米收割作业的质量要求

《穗茎兼收玉米联合收获机通用技术条件》（DB37/T 2427—2013）对玉米收获机的收割作业有明确的规定，各项指标应在规定范围内，否则，表明玉米收获机调整不当或使用不当。玉米收获机的作业质量规定值见表4-15。

表4-15　玉米收获机的作业质量规定值

指标	规定值
籽粒损失率,%	≤2
果穗损失率,%	≤3
籽粒破碎率,%	≤1
苞叶剥清率,%	≥85
秸秆粉碎长度合格率,%	≥90（合格长度≤100mm）

第四节 秸秆粉碎还田机的选择与安全使用

一、秸秆粉碎还田机的类型

秸秆粉碎还田机是指利用高速旋转部件，对田间农作物（小麦、水稻、玉米、高粱、棉花等）秸秆进行冲击、砍切、粉碎，并抛撒还田的一种农机具。

1. 按动力配套方式分

可分为与拖拉机配套的秸秆粉碎还田机和与联合收割机配套的秸秆粉碎还田机。

（1）与拖拉机配套的秸秆粉碎还田机 主要由机架、悬挂升降机构、传动变速装置、切碎装置、防护罩、地轮等组成（图4-30）。其主要工作部件是靠刀轴、刀座和刀片等组成的切碎装置。刀座通常按螺旋线排列焊接在刀轴上，拖拉机动力输出轴上的动力经传动变速装置传递给刀轴，带动刀片高速旋转，完成秸秆粉碎还田作业。

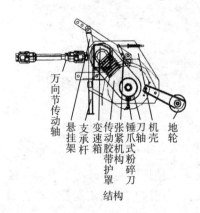

结构

作业状态

图4-30 与拖拉机配套的秸秆还田机

秸秆粉碎还田机工作时，通过高速旋转的刀轴（1 600～

2 000r/min）带动刀片以砍、切、撞、搓、撕等方式粉碎秸秆，高速旋转的刀片一方面绕刀轴旋转，一方面随机器前进，呈余摆线运动，机架前部的挡板首先将秸秆推压呈倾斜状，粉碎部件从秸秆根部进行砍切作业，秸秆被切断后失去地面的约束，刀片将秸秆捡拾并砍断。在捡起秸秆同时，由刀片产生的摩擦力将秸秆喂入粉碎机护罩内，又受到刀片的多次砍切而成碎段，切碎的秸秆在离心力的作用下沿护罩均匀抛撒落地。粉碎装置的转向大多为逆转，这种机型结构简单，作业也较可靠。

（2）与联合收割机配套的秸秆粉碎还田机　主要有直联式、抽拉式（滑移式）和翻转式。

直联式是将机具用螺栓直接连接在稻麦联合收割机的排草口处（图4-31）。稻、麦从收割机割台喂入，经脱粒滚筒脱粒后，秸秆从后仓直接进入秸秆粉碎机，在粉碎室内动刀片高速打击和动、定刀的剪切作用下，被粉碎成碎段和纤维状，沿拨禾板均匀抛撒在田间。

动力传动　　　　　　　　　　　　作业状态

图4-31　与联合收割机配套的秸秆粉碎还田机

与直联式相比，抽拉式要加装一个过渡接口，使接口与稻麦联合收割机排草口相连，下部焊有滑道。使用时将粉碎还田机推入接口的滑道，挂上三角皮带即可作业。不用时摘下三角皮带，将还田机拉出滑道，非常方便。

翻转式是在过渡接口上焊一对铰链，使其与稻麦秸秆粉碎还田机铰接，不用时可将机具翻转并悬挂在稻麦联合收割机上。

与拖拉机配套的秸秆粉碎还田机按其相对于拖拉机宽度的关系还可分为偏置式和正置式。偏置式是指机具悬挂架中心面偏离拖拉机纵向中心面一定距离。采用偏置式的原因是由于拖拉机宽度一般都大于与其配套使用的秸秆粉碎还田机的工作幅宽，为使作业时能粉碎到地边，不留行、不丢秸秆，一般将机具的悬挂装置相对其纵向中心面偏离一定距离，即成偏置式。目前偏置式机具使用较广泛，多采用机具向右偏置。好处在于机具作业开始就能粉碎到地边，不丢行。

2. 按粉碎刀轴的运动方式分

可分为卧式秸秆粉碎还田机（粉碎刀轴绕与地面水平轴旋转）和立式秸秆粉碎还田机（粉碎刀轴绕与地面垂直轴旋转）。

（1）卧式秸秆粉碎还田机　卧式秸秆粉碎还田机主要由万向节传动轴、悬挂架、机壳、变速箱、传动系统、刀轴、地轮等部件组成（图4-32）。万向节传动轴由节叉、十字轴承、方轴、方管及销轴组成，用于拖拉机动力输出轴与机具变速箱的输入轴连接，以将动力传递至粉碎部件。万向节的方轴可在方管内自由滑动伸缩，保证秸秆粉碎还田机能正常的抬起和放下。

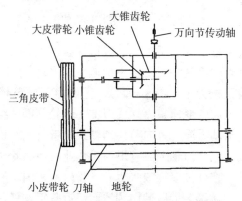

图4-32　卧式秸秆粉碎还田机传动系统

万向节传动轴与拖拉机安装时应同时装上安全防护罩。

秸秆粉碎还田机的工作原理是（图4-33）：逆向高速旋转

（刀轴旋转方向与拖拉机或联合收割机驱动轮转向相反）的粉碎刀对直立和地上的秸秆及残茬进行冲击、砍切并将其拾起，随着机器行进秸秆不断喂入，同时粉碎刀高速旋转所形成的气流会在喂入口处造成负压，在其作用下，秸秆被吸入机壳内（粉碎室），机壳内安装有定齿与定刀，动、定刀的相对运动及折线型机壳内壁方向的改变对秸秆的阻挡、限制，使秸秆受到多次剪切、打击、撕裂、搓擦，被粉碎成碎段和纤维状，在气流及离心力作用下被抛撒到田间并为地轮压平。

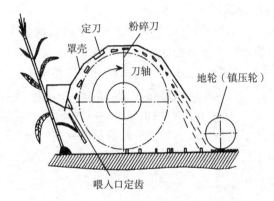

图 4-33　卧式秸秆粉碎还田机的工作原理

　　（2）立式秸秆粉碎还田机　立式秸秆粉碎还田机是一种粉碎轴轴线与地面垂直的机具，主要以小型拖拉机为动力，一次粉碎一行或两行，以前置式为主（图 4-34）。主要由万向节传动轴、悬挂架、机壳、立式齿轮变速箱、立式刀轴、地轮等部件组成。

　　拖拉机输出动力通过万向节传动轴或皮带传动经机具变速箱传递至立式刀轴，立式刀轴上装有甩刀，作业时，随着机组前进并在集禾器作用下，秸秆被聚拢喂入机壳（粉碎室）内，甩刀对秸秆及根茬进行切割、粉碎，最后抛撒到地面。近些年发展起来的小型玉米联合收获机，其割台下面经常配有立式秸秆粉碎还田机。

3. 按粉碎刀的结构类型分

　　可分为锤爪式、Y 型甩刀式、直刀式秸秆粉碎还田机。

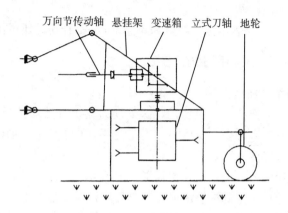

万向节传动轴 悬挂架 变速箱 立式刀轴 地轮

图 4-34 立式秸秆粉碎还田机示意图

4. 按动力传动方式分

可分为单边传动秸秆粉碎还田机、双边传动秸秆粉碎还田机、齿轮胶带传动秸秆粉碎还田机、齿轮链条传动秸秆粉碎还田机。

5. 按粉碎作物种类分

可分为玉米秸秆粉碎还田机、稻麦秸秆粉碎还田机、棉花秸秆粉碎还田机。

6. 按机具相对拖拉机宽度的关系分

可分为正配置秸秆粉碎还田机和偏配置秸秆粉碎还田机。

二、秸秆粉碎还田机的型号

按《农机具产品 型号编制规则》（JB/T 8574—2013）规定，秸秆粉碎还田机的型号编制为：

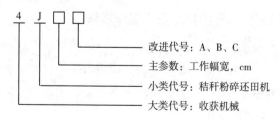

4 J □ □

改进代号：A、B、C

主参数：工作幅宽，cm

小类代号：秸秆粉碎还田机

大类代号：收获机械

型号标识示例：

4J‐120——表示工作幅宽为 120mm 的秸秆粉碎还田机。

三、秸秆粉碎还田机的挂接

1. 与拖拉机的挂接

首先拆去拖拉机牵引挂钩，卸下动力输出轴盖及秸秆（根茬）粉碎还田机输入轴帽，然后将相连花键部分及传动轴方轴接合部分涂上油脂，以便安装。

秸秆粉碎还田机停放在比较平坦的地方，将拖拉机对准秸秆粉碎还田机悬挂架中部慢慢倒退，同时提升拖拉机悬挂下拉杆与还田机悬挂接板高度基本一致，当拖拉机下拉杆销孔与还田机悬挂接板销孔重合时停下，将连接销轴插入，同时用锁销将连接销轴锁好。如果拖拉机悬挂为内置油缸式，可先装左侧悬挂拉杆，再装右边悬挂拉杆，因为右悬挂拉杆有丝杆，可调节长短。

安装传动轴。将方轴节叉一端与拖拉机后输出轴相连，同时插上锁销，用开口销锁好，然后将方管套入方轴，套入时要保持方轴节叉平面与方管节叉平面在同一平面，同时将方管节叉与还田机输入轴相连并插上锁销用开口销锁好。

2. 与联合收获机的挂接

这类还田机的连接比较简单，联合收获机厂家已设计好各连接点的位置，用户按位置要求连接即可。需要注意的是：连接销的连接要可靠到位；相互传动的三角皮带轮轮槽要一致，轴线要平行；联合收获机工作时振动较大，因此各连接部位的紧固件要紧固，并有可靠的防松措施。

四、秸秆粉碎还田机的安全操作规程

（1）操作者必须认真阅读产品使用说明书，了解还田机的结构特点、工作原理和性能，掌握正确的使用方法，以充分发挥还田机的功效。对说明书中的安全操作注意事项要高度重视，以防止机具损坏或人身事故的发生。

（2）粉碎还田机应按使用说明书的规定配套合适的拖拉机。机具应按使用说明书的要求进行调整和保养，经检查合格后方可进行作业。

（3）作业时要远离大的土埂、树桩、电杆、拉线等障碍物，地头要留足够的回转地带，以免造成机具及人员挂碰伤害。机具运转时，严禁接近旋转部位，以免发生缠绕，造成人身伤亡；作业时，机具后方和周围严禁站人，以防飞土打人，或旋转部件飞出伤人。作业或运输时，还田机上禁止堆放重物或站人。

（4）秸秆粉碎还田机要在起步的同时缓慢降落机具，严禁猛提猛放或在作业状态起步。作业时，禁止粉碎部件（刀片或锤爪）打入土层，以防大幅度增加扭矩而引起机具故障。若发现锤爪打土时，应及时调整。根茬粉碎还田机起步时，要先接合灭茬机离合器，后挂挡作业。同时，操纵液压升降柄（或缆盘升降机构的绕把），使刀片逐步入土，随之加大油门，直至正常灭茬深度为止。禁止在起步前将机具先入土或猛放入土，这样会使刀片受到冲击，致使传动部件损坏。

（5）还田机转弯时应将机具提升，提升高度以刀片离地 100～200mm 为宜，提升过高将使传动轴倾角过大，影响传动轴寿命。转弯后方可降落继续作业，作业时万向节传动轴的夹角不得超过 ±15°。地块转移时要切断传动轴动力，并将还田机提升到较高位置。远距离转移或运输时，应将拖拉机下降限位锁死。如拖拉机具有力调节-位调节液压悬挂机构，则应关死下降速度调节阀门；如拖拉机具有分置式液压悬挂机构，应将油缸活塞杆上的卡箍锁死在提升较高的位置。停车时将还田机降落着地，不得悬挂停放。

（6）必须选择合适的万向节传动轴及安全防护装置，经常检查万向节传动轴的插销及十字轴端挡圈，禁止安装使用已损坏或技术状态不良的万向节传动轴的零部件，以免发生意外；随时检查皮带轮挡圈的可靠性，防止紧固螺栓松动，否则螺栓丢失会造成平键脱落，皮带轮、轴报废等后果；连续作业 4h 后停机检查紧固件连接是否可靠，箱体是否漏油，齿轮油是否变质，运转部件的升温是否正常，检查无误后方能继续作业。要经常注意观察还田机工作部件在运转过程中是否有杂音及金属敲击声，如发现有异常声音，就要立即停车检查，排除故障后才能作业。作业时出现故障，要立即切断动力输出轴的传动，然后停车检查并排除故障。检查秸秆粉碎还田机的万向节传动轴、粉碎部件及齿轮箱零部件时，必须切断动力，发动机熄灭。如需要更换零部件时，应将还田机稳定支撑好，严禁在发动机未熄火时更换零部件，确保安全。

(7) 安装万向节传动轴时应注意

①方轴节叉与方管节叉的开口必须装在同一平面上，若方向装错会引起还田机运转振动，产生异响，严重时将损坏十字轴承等部件。

②花键活动节叉要用锁销可靠地锁在花键轴上，避免拖拉机高速运转时甩出，造成机具和人身伤害（图4-35）。

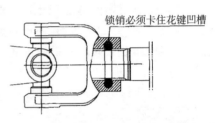

锁销必须卡住花键凹槽

图4-35　花键活节叉锁销示意图

③传动轴传递扭矩较大，因此作业时，方轴与方管要有足够的配合长度，一般不低于150mm。长度过短，在传动时，不能保证相应的强度，容易损坏方轴及方管，扭坏花键节叉，甚至将损坏的方管、方轴或节叉的零部件甩出，造成机具损坏或人员意外伤害，但长度过长，在运动时容易顶死万向节传动轴，造成机具或拖拉机零部件损坏。要保证作业时方轴与方管传动灵活，伸缩自如，不得有卡滞现象，既不能顶死，也不能脱开。生产厂家对传动轴配备都有详细说明，购机时可向经销商了解清楚，以免损坏传动轴或机具。

④万向节传动轴在工作状态时，严禁与其他零件相互碰撞，以免发生意外。如有碰撞必须排除方能作业。

⑤将拖拉机中间拉杆与还田机上拉杆用连接销连接好并插上锁销，还田机上拉杆有两个连接销孔，可根据拖拉机中间拉杆长度选择。

（8）应认真阅读理解机具上张贴的安全警示标识（表4-16），见到安全标识时，应警戒可能产生的危险，并告知其他操作者。安全标识若损坏或丢失应及时更换或补充。

表4-16 常用安全警示标示示例

安全警示标识	含义与张贴位置
使用前请仔细阅读本产品《使用保养说明书》	含义：使用前应仔细阅读本产品使用说明书，严格按说明书的要求进行操作和保养。 张贴位置：侧板
警告 机具运转时，严禁接近旋转部分。严禁在机具上站人。	含义：机具运转时，严禁接近旋转部分。严禁在机具上站人。 张贴位置：主机后框架、侧板
警告 机具运转时，不得打开或拆下安全防护罩。	含义：机具运转时，不得打开或拆下安全防护罩。 张贴位置：皮带防护罩
	含义：作业时不得靠近粉碎部件，以防刀轴伤人。 张贴位置：机罩
	含义：与机器保持安全距离，以防抛出物伤人。 张贴位置：机罩
注意 机具工作时，要保持安全距离。	含义：机器工作时，要保持安全距离，不得靠近动力输入传动轴，避免缠绕危险。 张贴位置：传动轴防护罩、机罩

五、秸秆粉碎还田机的调整

1. 秸秆粉碎还田机的水平调整

（1）左右水平的调整 将悬挂了还田机的机组停放于平地上，将机具提升一定高度，然后慢慢降下至粉碎部件接近地面，观看左右粉碎部件离地高度是否一致，若不一致须调节拖拉机左、右悬挂拉杆，使整机左右高度一致，处于水平。

（2）纵向水平的调整 将还田机地轮支承板移至合适的调整孔，把固定螺栓、螺母上紧后落地。调整拖拉机中间拉杆，以粉碎刀尖离地 20～40mm 为宜，此时，机壳前端最低处（喂入口）与地面距离须在 200～250mm，传动轴的倾角应保持在 10°以内，如果传动轴倾角超过 10°，可通过拖拉机左右悬挂拉杆适当调整。秸秆（根茬）粉碎还田机在此状态下作业，负荷小，作业质量好，能充分发挥秸秆还田机的机械性能。拖拉机左右悬挂拉杆和中间拉杆每次调整完毕后，需将其调整螺栓防松螺母锁紧，以防止作业时机具振动而脱落，造成机具或人员伤害。调整示意图见图 4-36。

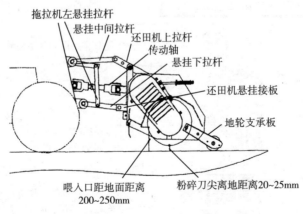

图 4-36　纵向水平的调整

2. 粉碎刀作业高度的调整

空运转试车时，将秸秆粉碎还田机切刀提升至离地面 20～

25cm 为宜。接合动力输出轴运转 1～2min，再挂作业挡，并缓慢松放离合器踏板，同时操纵液压手柄，使还田机逐步降至所需要的适宜留茬高度。过高会降低粉碎效果，过低造成刀片吃土，加速刀片磨损，同时增加机组负荷，降低作业效率。

3. 皮带张紧度的调整

秸秆粉碎还田机是两级增速传动。第一级是齿轮传动，一般不需调整；第二级是皮带传动，应经常检查皮带的松紧度，过松影响传动效率，过紧易造成皮带过早损坏。

4. 留茬高度的调整

秸秆粉碎还田机在作业时严禁粉碎部件入土作业，应有一定的留茬高度。影响留茬高度的主要因素有土壤疏松程度、作物种植模式、地块平整状况。粉碎部件与地面的距离直接影响秸秆留茬高度及还田质量。

一般与拖拉机配套的还田机正常挂接后通过调整拖拉机悬挂中间拉杆就可以调整粉碎部件与地面的距离，从而调整秸秆的留茬高低，个别区域需要留茬较高时，可通过调整地轮支承板的固定位置来实现。与联合收获机配套的还田机则通过调整地轮支承板的位置或提升油缸来调整秸秆的留茬高度。最低留茬高度以粉碎部件刃口不入土为宜，否则将加速刀片磨损，降低粉碎效果，并增大拖拉机负荷。留茬高度的调整需配合纵向水平调整反复进行。

地轮支承板的位置调整如图 4 - 37 所示，松开机架左、右侧板

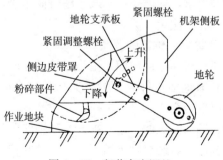

图 4 - 37 留茬高度调整

上的紧固调整螺栓和紧固螺栓，将紧固调整螺栓和地轮支承板上下移动，向上调留茬高度增加，向下调则留茬高度降低，调整到适当的位置后，再拧紧紧固调整螺栓和紧固螺栓。地轮支承板左、右两边各有一件，调整时需两边同步进行。

5. 粉碎刀与定刀间隙的调整

粉碎刀与定刀的合理间隙为 5～8mm（图 4-38），随着作业时间的增加，粉碎刀与定刀将逐渐磨损，二者之间的间隙加大，影响作业效果。调整方法：如定刀磨损严重，可更换或在定刀背部增加垫片；如粉碎刀磨损严重，则应成组更换新刀，直刀片的质量差最大不能超过 10g，其他刀型不能超过 25g。

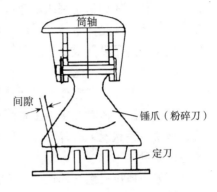

图 4-38　粉碎刀与定刀的间隙

6. 作业速度的确定

要根据还田秸秆的粗细、干湿情况、种植稠密及土地松软程度确定合理的行进速度，一般玉米秸秆还田机的作业速度为 5～8km/h。如果秸秆比较细小、较干燥、种植较稀疏、土地较硬，可选择高的行走速度作业，反之则要选择较低的行走速度，以满足还田机正常作业的要求，保证拖拉机既不超负荷作业，又能充分提高作业效率，保证作业质量。

7. 变速箱齿轮啮合位置的调整

秸秆粉碎还田机在使用初期，由于齿轮的磨损速度较大，以及在正常使用较长时间后，都必须检查其齿轮啮合间隙，并进行调整。主要调整以下内容：

（1）主动轴轴向间隙的调整　拆开主动轴前后轴承盖，适当调整垫片，增减其厚度，装好轴承盖，用手推动并转动主动轴，如主动轴能灵活转动又无明显轴向间隙即调整适当。

　　(2) 圆锥齿轮啮合间隙的调整　适当的啮合间隙是齿轮正常工作条件之一，间隙过大会产生较大的撞击声，间隙过小则润滑不良，甚至卡死。正常啮合间隙应为 0.12～0.35mm，如果不符合要求，可用增加或减少调整垫片的方法进行调整。

第五章

粮食干燥作业机械化

粮食干燥处理是粮食收获后非常重要的环节，关系到粮食储藏品质和时间，对保障粮食安全和减少粮食损失具有重要意义。随着粮食生产全程机械化进程的提速，粮食干燥作业机械化技术逐渐成熟，粮食干燥机械正以前所未有的速度普及开来。

第一节　粮食机械干燥的过程与方法

一、几个基本概念

1. 粮食干燥机械化技术

是以机械为主要手段，采用相应的工艺和技术措施，人为地控制温度、湿度等关键因素，在不损害粮食品质的前提下，快速降低粮食含水率，使其在尽可能短的时间内达到国家安全储藏标准的干燥技术。

2. 粮食机械化干燥

是指采用工程技术措施，创造利于粮食内部水分扩散和蒸发的外部环境条件，使粮食含水率下降到指定水分的过程。

3. 粮食安全储藏标准

一般粮食作物籽粒的安全水分含量为 12%～14%，油料作物籽粒的安全水分含量为 9%左右。

4. 干燥原理

根据粮食的平衡水分原理，升高干燥介质的温度，干燥介质作为载热体和载湿体，将粮温升高，促使其内部水分不断向外部扩散并蒸发，水汽不断被干燥介质带走，以达到降低粮食含水量的目的。

如果在常温下干燥粮食，水分挥发得非常慢，所以，为了加快粮食的干燥速度，就需要采取一些辅助措施，最基本的就是升高粮食和干燥介质的温度，以及加快干燥介质的相对流动速度等。

5. 干燥介质

是指能从粮食中带走水分的物质，常用的干燥介质为空气或烟道气。

燃料燃烧所产生的热废气称为烟道气，其温度很高，不能直接应用，一般需要引入一部分自然空气，以降低烟道气的温度，这种混合气体有时又称为炉气。

干燥介质把热能传给待干燥粮食，起到载热体的作用；干燥介质通过粮层时将水汽带走，又起到载湿体的作用。

二、粮食烘干过程

粮食烘干过程是指为粮食内部的水分不断向外部扩散和表面水分蒸发创造条件的复杂传热传质过程。

完整的烘干过程通常分为预热、等速干燥、降速干燥、缓苏和冷却五个阶段。谷物水分、温度及干燥速度随干燥时间而变化的规律称为谷物干燥特性。

1. 预热阶段

此阶段干燥介质传来的热量主要用来升高谷物温度，含水率变化很小，但干燥速度由零开始迅速增加。

2. 等速干燥阶段

此阶段谷物水分由里到外扩散速度较大，即干燥速度较快并维持稳定，相当于自然水的蒸发。该阶段的谷物温度保持在湿球温度不变，但粮食水分直线下降。

通俗来讲，湿球温度就是当前环境仅通过蒸发水分所能达到的最低温度。干球温度是温度计在普通空气中所测出的温度，即是常说的气温。

3. 降速干燥阶段

此阶段的水分已经较等速干燥阶段有明显减少，其内部扩散速度较表面蒸发速度低，因此干燥速度逐渐减小，谷物温度逐渐上升，谷物水分按曲线下降（图5-1）。

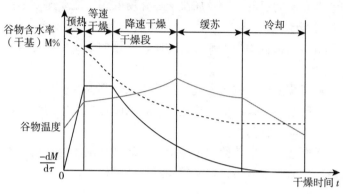

图5-1　谷物干燥特性曲线

4. 缓苏阶段

缓苏（又叫调质）即暂停对谷物加热而处在保温状态，使其深部的水分向浅层、表层移动，以减少或消除不同深度中湿度不一致的状况。

此阶段的谷物经过高温快速干燥后内外温度、水分存在较大差异，将粮食保温堆放使谷物内外层的热量和水分互相传递，逐步达到表里温湿平衡。缓苏后谷物表面温度有所下降，水分也少许降低，干燥速度变化很小。

5. 冷却阶段

此阶段的粮食温度要求下降到不高于环境温度5℃左右，冷却过程中粮食水分基本保持不变，降水幅度为0～0.5%。

三、烘干工艺

对于不同数量、不同种类的粮食，烘干温度、烘干时间、缓苏时间和风量等参数都不尽相同，应选用不同结构和原理的干燥机。对烘后粮食品质要求的不同，应选择不同的烘干工艺。一般干燥机多采用加热—缓苏—加热—缓苏—冷却的多段循环干燥工艺（图 5-2）。

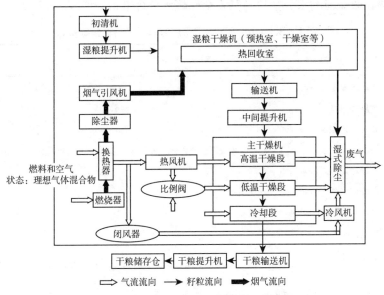

图 5-2　干燥工艺（作业流程）流程图

四、干燥要求

既要在短时间内较经济地进行干燥作业，又要保证干燥后不降低粮食的固有品质，且要尽可能地改善粮食的食用品质、加工工艺品质及其他用途的品质，这就要求选用合理的干燥工艺及条件。

根据国家粮食干燥机技术标准和粮食质量标准要求，干燥对粮食品质的影响主要集中在粮食的破碎率、裂纹率（水稻又称爆腰率）、色泽、种子的发芽率等品质指标上。干燥后的粮食，其干燥品质指标要求是不一样的。优先顺序如下：

用作种子：发芽率、降水率、裂纹率、热损伤、容重。

用作食粮：降水率、裂纹率、热损伤、容重、发芽率。

用于加工（如饲料等）：降水率、容重、裂纹率、热损伤、发芽率。

谷物干燥主要技术参数见表 5-1。据调查，我国几种主要谷物在收获时的水分含量及其安全储藏水分含量指标如表 5-2。

表 5-1 玉米、小麦、水稻干燥时和干燥后的指标参数

谷物名称	水稻	玉米	小麦
进热风温度,℃	≤75	≤120	≤100
干燥层温度,℃	≤65	≤85	≤70
谷物表面温度,℃	≤35	≤43	≤40
谷物出仓温度,℃	环境温度＋8	环境温度＋4	环境温度＋8
破损率增值,%	≤0.5	≤1	≤1.5
爆腰率增值,%	≤3	—	—
烘前水分不均匀度,%	≤3	≤3	≤3
烘后水分不均匀度,%	≤1	≤1	≤1
裂纹率增值,%	—	≤30	—

表 5-2 几种谷物收获时的水分含量及安全储藏水分含量

谷物	最高水分含量,%	适时收获水分含量,%	一般水分含量,%	安全储藏水分含量,%
小麦	38	18～20	9～17	13～14
大麦	30	18～20	10～18	≤13
燕麦	32	15～20	10～18	≤14
大豆	20～22	16～20	14～17	≤13
玉米	35	28～32	14～30	13～14
高粱	35	30～35	10～20	12～13
水稻	30	25～27	16～25	13～14

五、粮食干燥性能指标

1. 干燥能力

经过一次干燥过程，水分含量降低 1%，每小时干燥机对原粮的处理量。

2. 小时水分蒸发量

连续式干燥机每小时蒸发的水分量。

3. 单位耗热量

从粮食中蒸发 1kg 水所消耗的热量。

4. 干燥强度

干燥机干燥段单位容积或面积的小时水分蒸发量。塔式、柱式、回转式、圆筒式干燥机采用容积干燥强度。

5. 降水率

又称降水幅度，是指粮食干燥前后水分的差值。是干燥机最重要的性能和粮食品质指标。

6. 裂纹率

胚乳出现裂纹的粮粒称为裂纹粒。裂纹粒占粮食总数的比率称为裂纹率。

主要粮食品种均有坚韧的外壳，一般受冲击碰撞不会破碎，破碎的主要原因来自干燥后粮食颗粒产生的裂纹。

7. 热损伤

热损伤粒也称烘伤粒，粮粒经过干燥，胚或胚乳变为深褐色的颗粒。

8. 容重

单位体积内粮食的重量。由于容重作为粮食收购定等的一项主要指标，因此干燥前后粮食容重变化成为评价干燥机性能的重要指标。

9. 发芽率

指粮食能够发芽的比率。发芽率是评价种用干燥机的一项重要品质指标。

10. 干燥速率

粮食干燥速率与干燥工艺和干燥参数有关系，还与粮食自身的种类、状态和初始水分含量有关。

11. 干燥不均匀度

是指粮食经过一个干燥周期后，最大含水率与最小含水率之差值。干燥不均匀度的影响因素主要有原粮含水率不均匀度、含杂率、入粮平衡度和粮层高度、风压、排粮间隙一致性差等，在整个干燥机干燥过程中几个影响因素相互作用。

六、干燥方法

1. 对流干燥法

利用自然气体或加热气体（热空气或炉气）直接和粮食接触，热量以对流的方式传递给粮食，使其水分蒸发，达到干燥的目的，称为对流干燥法。在干燥过程中，放热后的气体再把粮食中蒸发出来的水分带走，这样干燥介质就起了载热体和载湿体的双重作用。对流干燥法在粮食干燥技术中应用最广，对流换热的粮食干燥机也是使用最多的干燥设备。对流干燥法的分类及特点见表5-3。

表5-3 对流干燥法的分类及特点

分类		图片	特点
固定床干燥法	单向通风干燥法	出风↑↑ / 进风↑↑	垂直气流由下往上穿过粮层，释放热量后并吸收水分，湿空气由仓顶排出。可以常温进行机械通风干燥，也可采用辅助加热干燥。
	换向通风干燥法	双向交替进风	气流在干燥过程中交替换向，从而可使干燥均匀性提高，并提高热量的利用率

（续）

分　类	图　片	特　点
固定床 干燥法　径向通风 干燥法		空气由风机从进风口送入透气通风管，由管壁四周流出，径向穿过粮层并吸收水分后，从仓的侧壁排出。气流穿过的粮层较薄，因而干燥较快。
移动床 干燥法　错流（横流） 干燥法	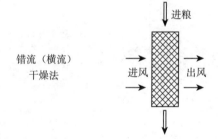	粮食的流向和介质的流向相互交叉，优点是干燥工艺简单、设备安装方便、成本低廉。但其干燥后的粮食水分不均，靠近热风气流入口的一侧降水快，另一侧降水慢。
顺流干燥法	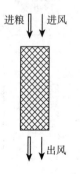	粮食运动方向与介质运动方向相同，优点是使用热风温度高，单位能耗低，并能获得较高的生产率，连续干燥时一次降水幅度大，适合干燥高水分的粮食作物。

（续）

分　类	图　片	特　点
移动床干燥法 逆流干燥法	进粮 出风 进风	粮食运动方向与介质运动方向相反，最高温度的介质首先与最干燥的粮食接触，最下面的粮食最先达到平衡水分，并逐步向上扩展。
混流干燥法	进粮 进风　出风	顺流干燥和逆流干燥交叉进行。热风运动方向与粮食运动方向具有横流、顺流、逆流性质，其优点是热风供给均匀，烘干的粮食含水差很小，单位能耗小，便于清理，不易混粮。
疏松床干燥法	进风 进粮　出风 出粮　横截面	粮食与滚筒内壁直接接触，随滚筒的旋转而旋转，处于疏松状态，受热均匀，干燥能力和强度较强。
流化床干燥法	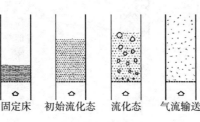 固定床　初始流化态　流化态　气流输送	粮食放置在倾角很小（2°～5°）的斜面上，介质以较高的速度穿过粮层，粮食在气流的作用下处于运动状态，粮粒与介质接触面积大大增加，干燥速度快，干燥均匀度高。

2. 传导干燥法

传导干燥法就是粮食与加热固体的表面直接接触，热量以传导方式传给粮食。传热时物质各部分没有相对位移，只是粮食与加热固体的表面直接地接触时产生热量转移，粮食受热后本身温度升高，促使其内部水分转移，由表面汽化，从而达到干燥的目的。简易滚筒干燥机、利用蒸汽的粮食干燥机，都属于接触干燥的粮食干燥机。在这类粮食干燥机中，热量的来源，通常为烟道气、过热蒸汽和热循环水。为保证干燥后粮食的干燥质量，加热固体表面温度不能过高。传导（接触）干燥法又称为间接加热干燥法。传导干燥法的分类及特点见表5-4。

表5-4 传导干燥法的分类及特点

分 类	图 片	特 点
传导干燥法 · 蒸汽干燥法	钢管；加热段；进气角状管；排潮段；出气角状管	蒸汽作为热载体不能与粮食直接接触，采用内通热蒸汽的管道与粮食接触，粮食在管道外壁流过而吸收热量。需设专用排潮风机。
惰性粒子干燥法	粮槽；抄板；燃烧器；驱动轴；湿粮；支撑轴；推动器；筛子 惰性粒子；干粮	内部充填的惰性粒子进一步加大了床内各相间的相际接触面积以及有效改善床内的多相流动，故通常具有较高的热质传递操作性能。

3. 辐射干燥法

通过辐射的方式把干燥时所需的能量传递给粮食，粮食吸收辐射能后转化成热能使得自身温度不断升高，促使内部水分转移蒸发，以达到去除多余水分的目的的干燥方法称为辐射干燥法。日光暴晒粮食和红外线干燥粮食都是辐射干燥。辐射干燥法的分类及特点见表5-5。

表5-5 辐射干燥法的分类及特点

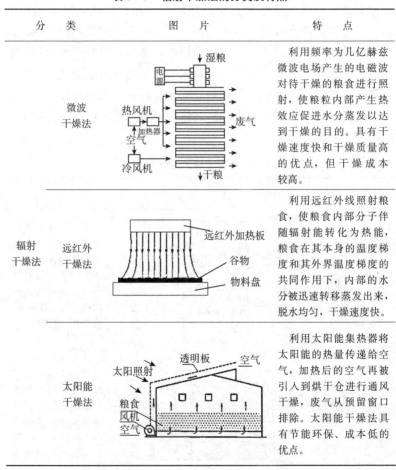

分　类		图　片	特　点
辐射干燥法	微波干燥法		利用频率为几亿赫兹微波电场产生的电磁波对待干燥的粮食进行照射,使粮粒内部产生热效应促进水分蒸发以达到干燥的目的。具有干燥速度快和干燥质量高的优点,但干燥成本较高。
	远红外干燥法		利用远红外线照射粮食,使粮食内部分子伴随辐射能转化为热能,粮食在其本身的温度梯度和其外界温度梯度的共同作用下,内部的水分被迅速转移蒸发出来,脱水均匀,干燥速度快。
	太阳能干燥法		利用太阳能集热器将太阳能的热量传递给空气,加热后的空气再被引入到烘干仓进行通风干燥,废气从预留窗口排除。太阳能干燥法具有节能环保、成本低的优点。

4. 高频电场干燥法

高频电场干燥是利用介质加热原理,使介质(粮食)在高频电场作用下,引起介质损耗,使粮食受热,水分汽化,从而达到粮食干燥的目的。粮食高频干燥机使用电场的频率在$1\sim10MHz$之间。

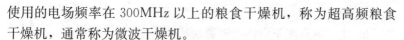

使用的电场频率在 300MHz 以上的粮食干燥机，称为超高频粮食干燥机，通常称为微波干燥机。

为了达到更经济更理想的烘干效果，常将多种干燥方法联合使用。

第二节 干燥机的选择与安全使用

一、干燥机的类型

粮食干燥机已经有几十年的发展历史，根据不同干燥物料的品种和干燥要求，以及机械化干燥技术的不断进步，已发明了种类繁多的干燥机，现分类介绍如下。

1. 按烘干能力分类

可分为：小型干燥机，生产能力＜5t/h；大型干燥机，生产能力＞25t/h；中型干燥机，生产能力介于两者之间。

2. 按干燥介质的压力状态分类

可分为吸入式干燥机和压出式干燥机两大类。

一般情况下小型或采用过高温度（大于 200℃）的干燥介质时，多采用吸入式，也就是干燥机的通风机将干燥介质吸入干燥室，干燥室内呈负压状态。生产能力大的粮食干燥机，一般采用压入式工作，也就是通风机将干燥介质压入干燥室，干燥室内呈正压状态。在这两种情况下，干燥室内的压力与大气压力相差都不大，干燥机处在定压状态下工作。

正压是指风机装在干燥室前方，由风机将热风吹入干燥室；负压是指风机装在干燥室后方，热风被风机吸入干燥室。负压作业时，风机的负荷较重，对干燥室的密封性能要求高；但室内尘埃不会泄漏，现场作业条件比正压作业好得多。

3. 根据粮食干燥机内粮层的厚薄分类

可分为薄粮层干燥机和厚粮层干燥机。

4. 按照不同的供热方式分类

可分为太阳能粮食干燥机、远红外粮食干燥机、微波粮食干燥机、高频电场干燥机等。

5. 根据粮食在干燥机内停留的状态分类

可分为连续式粮食干燥机、批量式粮食干燥机和循环式粮食干燥机。

6. 按粮食在干燥机内的流动状态分类

可分为固定床粮食干燥机、移动床粮食干燥机、流化床粮食干燥机。

7. 按设备结构型式分类

可分为仓式粮食干燥机、塔式粮食干燥机、带式粮食干燥机、滚筒式粮食干燥机等。

8. 按照干燥速度分类

可分为高温快速粮食干燥机、低温慢速粮食干燥机、高低温组合干燥机。

二、几种典型干燥机

1. 筒式真空低温粮食干燥机

（1）构造　滚筒式真空低温粮食干燥机由热管式真空干燥仓、后支架、真空机组、加热装置、驱动装置、导气管、滚道、前支架、底盘、车轮、导管和托轮组成（图5-3）。

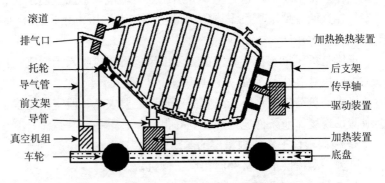

图5-3　滚筒式真空低温粮食干燥机结构简图

其克服了现有低温循环式粮食干燥机存在的不足，对设备和工艺流程进行了优化，增大了热管式真空干燥仓的有效容积，满足了粮食在真空干燥仓内能够预热、干燥的热能需求。粮食真空低温干燥作业时，热管式真空干燥仓内的气压处于真空负压状态，粮食内的水分在负压状态下的沸点随着真空度的提高而降低，同时辅以冷凝器、真空机组抽湿降低水汽含量，使得粮食内水分获得足够的动能脱离粮食。

另外，粮食在真空低温烘干过程中，真空干燥仓内的压力始终低于大气压力，气体分子数少，密度小，含氧量低，可以抑制多种细菌的存活，从而减少了粮食染菌的机会，减少粮食后期保存过程中生虫、霉变等现象的发生。

（2）粮食真空低温干燥工艺流程　滚筒式真空低温粮食干燥机的工艺流程：高温的导热工质通过导热进口进入加热换热装置的内腔进行换热、散热，换热后的导热工质通过导热出口流出，由导管的输导进入加热装置，实现循环利用。湿粮进入干燥仓后，关闭密封盖，开动真空机组抽取仓内气体形成负压。干燥仓在旋转过程中其内部的散热管、螺旋叶片起到搅拌的作用，能有效防止粮食结块，粮食烘干无死角，仓内的湿气由真空机组抽排出仓外。粮食干燥作业时仓内优选气压为－0.096MPa。粮食烘干后，干燥仓反转将粮食排出仓外。

（3）粮食真空低温干燥特点

①移动方便。滚筒式真空低温粮食干燥机的干燥工作场可根据工作需要随时移动变换。

②低温节能。利用水分汽化蒸发温度随压力降低而降低的原理，在 32～60℃的低温真空环境对粮食进行干燥。加热装置直接给粮食传热，热转换效率高。能够余热利用，相同环境条件下，热能消耗比传统热风干燥降低 30%～60%。

③品质保证。保持粮食原有理化特性和应有的色、香、味、形及营养成分，避免了粮食干燥的裂纹、破损的问题。

④结构简单。内部没有排粮轮、搅龙、提升机等装置，散热管

及螺旋叶片能够持续搅拌粮食，湿粮不易结块，烘干无死角，缩短干燥时间。

⑤绿色环保。真空泵排出的气体都是经过水过滤，无粉尘、挥发性物质及异味排出。

⑥安全储藏。真空干燥仓内的压力始终低于大气压力，含氧量低，抑制细菌的生长，避免生虫、霉变等现象的发生。

⑦一机多用。一台滚筒式真空低温粮食干燥机可以烘干多种粮食，其通用性、适应性强，稳定性好，安全性高。

真空低温干燥技术的发展任重道远，在粮食干燥行业的应用才刚刚起步。真空低温干燥新技术应用前景广阔，会给我国粮食、农副产品加工业注入新的活力。

2. 混流型移动式粮食干燥机

（1）结构特征　混流型移动式粮食干燥机结合滚筒式干燥机和流化床干燥机的工作原理，空气与粮食流动方向呈横流和逆流的混合，采用了机械搅拌、混流、脉动循环沸腾、流化等粮食干燥机制。主要由搅拌机构、传动机构、热风网络、筛板、机架等组成（图 5 - 4）。

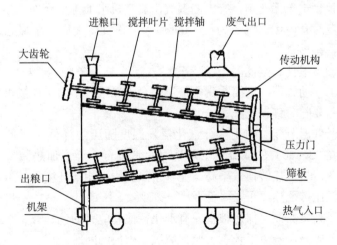

图 5 - 4　混流型移动式粮食干燥机结构简图

（2）工作原理　混流型移动式粮食干燥机依靠搅拌机构的机械力、粮食的重力、热空气对粮粒的浮力及粮粒之间的相互作用力，使热空气与粮粒之间不断混合，进行热量传递，并带走粮粒中的水分，从而达到干燥降水的目的。

（3）工艺流程　粮食从干燥机顶部的进粮口进入机内，落到上层筛板上。筛板上方的两根搅拌轴相向转动，不断地搅拌粮食。由于搅拌叶片与搅拌轴之间呈一定夹角，所以在搅拌、混合过程中对粮食有向前的推力，使粮粒不停地朝前移动。此外，搅拌叶片在与筛板上的粮粒脱离接触的瞬时，还携带着一些粮食，并不断地将这些粮食举起、抛落，增强了混合效果。热空气从进风口进入机内，与粮食流动方向呈混流。在压力差的作用下，热空气从筛板的下方向上运动，穿过筛孔与粮层，对预热过的粮食继续加热，使其干燥降水。在搅拌叶片混合粮食的地方，由于粮层厚度不断变化，热空气易于在该处通过，形成局部沸腾区。随着搅拌叶片的不断运转，沸腾区在筛板上不断移动，呈周期性变化。热空气穿过上层筛板上的粮层，将携带的余热传给刚进入机内的低温粮食，起预热作用。

（4）混流型移动式粮食干燥机的特点　混流型移动式粮食干燥机结合了滚筒式干燥机和流化床干燥机的工作原理，具有独特的性能。将回转的圆筒改为旋转的搅拌轴及其上的叶片，大大缩小了体积，降低了造价。将筛板倾斜布置，分上、下两层安装，使干燥机结构紧凑。采用机械搅拌、混流、循环脉动沸腾等干燥机制相结合的新技术，使粮食与干燥介质在机内相向流动，并使干燥介质先后两次由下而上穿过粮层，可使干燥介质的热能充分利用，提高了干燥室的热效率。从干燥机排气口排出的"废气"最后被引回缓苏仓，其余热被再一次利用，故热效率较高。

3. 径流式粮食干燥机

近年来，又有学者提出了新型径流式粮食干燥机，主要针对中小型农户的需求设计。该设备基于滚筒式结构，提出的径流式干燥方式、结构如图5-5、图5-6所示，洁净的二次热风沿直径方向穿过干燥内滚筒，从粮食内部通过，与粮食进行了较充分的热交换，带走粮食中的水分，达到干燥目的。

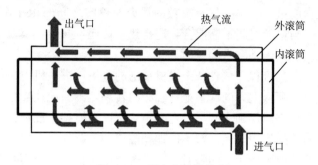

图 5 - 5　径流式干燥方式

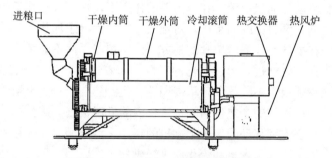

图 5 - 6　径流式粮食干燥机结构简图

（1）双滚筒结构设计　外筒固定不动，起到保温、导流作用，对提高热效率及引导热气流作用明显。内筒为干燥筒，盛纳粮食，同时筒壁均布有大量小孔，热气流能够通过小孔径向流动。进风口处采用径流式进风，位于粮食出口端下部，出风口位于粮食进口端上部，干燥时外滚筒固定，内滚筒相对转动，滚筒两侧有保温棉保证滚筒的气密性，减小热量流失，两滚筒之间有挡风板，使热空气只能径向穿过粮食，确保筒内粮食均能受热气流作用，有效提高了热交换的面积。在出料口处设有挡风帘，使粮食能顺利从筒内流出同时达到最小的热量散失。为保证径向流动的可靠性，在内外筒之间设计有引热挡板，以引导气体流动，保证热气流处在可控的状态。

（2）不对称抄板设计 不对称抄板结构将粮食输送及干燥过程集中在同一个筒内完成。抄板周向固定在内筒内壁面上，滚筒输送粮食时，抄板左端倾斜部分与粮食接触，在滚筒转动过程中抄板对粮食有轴向分力作用，推动粮食前进。滚筒干燥粮食时，翅片的右端垂直部分与粮食接触，滚筒旋转带动抄板扬起粮食，并逐渐散布在整个筒体截面上，用以增加粮食与热气流的接触面积，强化粮食与热气流的热交换。

4. 振动式干燥机

振动式干燥机的基本工作原理是使通风底板做高频振动（沿倾斜方向），使粮食向一个方向跳跃性流动，同时也受到由孔板下方吹来的热风加热干燥。由于粮粒振动中增加了孔隙度和不断改变粮粒与介质的接触位置，则干燥速度较快。

LX 螺旋振动干燥机的结构简图如图 5-7 所示。干燥体分为内筒、中筒、外筒三部分。

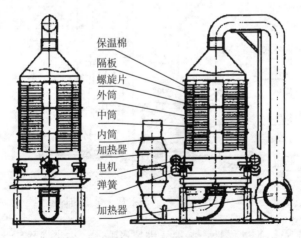

保温棉
隔板
螺旋片
外筒
中筒
内筒
加热器
电机
弹簧
加热器

图 5-7 螺旋振动干燥机结构简图

物料由进料口进入干燥体，在振动电机的作用下，沿着外筒与中筒之间的螺旋片呈螺旋状上升，升至干燥体顶部后，沿着特定的通道进入中筒与内筒形成的容腔内，然后沿着中筒与内筒之间的隔板层层下落，当下落至干燥体底部时，顺着特定的通道由出料口排出。与此同时，在风机负压的作用下，干燥介质进入加热器内被加热并进入干燥体内筒，然后穿过筛片对粮层进行加热，粮食受热后水分从表面析出。干燥介质与粮层换热后温度很快下降，废气最后经风机排出。

5. 移动式内循环粮食干燥机

图5-8给出了小型可移动内循环粮食干燥机的基本构造。该机主要由传动系统、可翻转式喂料机构、可落式出料装置、内循环搅龙、燃烧系统、内置搅拌器、风机及送风系统、内外筛筒、电控单元、行走式机座等部分组成。

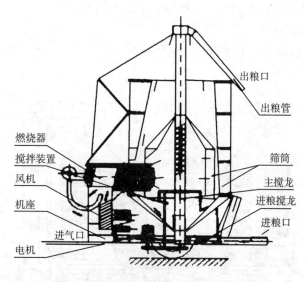

出粮口
出粮管
燃烧器
搅拌装置
风机
机座
进气口
电机
筛筒
主搅龙
进粮搅龙
进粮口

图5-8 移动式内循环粮食干燥机结构图

其干燥作业过程是：湿粮从进粮口喂入，主搅龙作为粮食内部循环的执行器，使粮食从顶端沿四周下落到内、外筛筒之间，待粮食达到规定的高度后，停止喂料。粮食在机体内进行有规律的循环，与此同时，热风通过风机送入内筛筒下部，与粮食进行热交换。穿过粮层的湿风从外筛筒排出。在内部循环时，粮食也受到热风与搅龙体的接触而产生的传导加热。机体下部的慢速搅拌装置的作用是促进粮食搅动，使内、外部粮食不断交换位置和状态，从而使粮食得到均匀的干燥。当粮食干燥到预设的水分含量时，加热及送风系统停止工作，粮食通过出料管排出。一个批次的粮食干燥完成后，即转入下一批次的装料—内循环加热干燥—卸料的干燥作业过程。

6. 低温循环式干燥机

低温循环式干燥机是发展最快的一种机型，也是水稻产区最常见的机型。低温循环式干燥技术是以获得高品质稻米为主要目标的现代智能机械化干燥技术。主要由下部本体、干燥部、缓苏储留部、循环输送系统、加温系统（风机、热源）和控制系统构成（图5-9）。

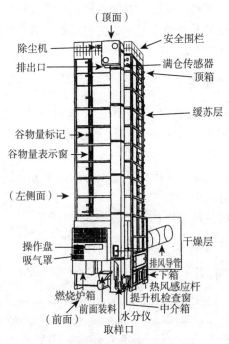

图5-9 低温循环式粮食干燥机结构图

循环式粮食干燥机同时进行干燥和缓苏作业。作业时提升机和上搅龙先将一批待烘干的粮食全部装入干燥机内。开始烘干作业后，粮食在干燥机内不断流动，流经干燥段的粮食受热进行干燥作业，经一段时间的干燥后，在拨料轮的控制下粮食由干燥层进入下搅龙，通过下搅龙输送到提升机，这部分粮食被输送到缓苏段进行规定时间的缓苏，便于粮食在经过一轮干燥后在未达到干燥水分平衡点之前可以将粮食里面的水分扩散出来，以利于再次干燥。经过多次循环后粮食含水量达到指定要求，停机卸粮。

循环的目的是为了强化干燥的过程，并提高干燥的均匀性。粮食在干燥的同时进行循环流动，可使水分含量不同的粮食彼此间发生湿热交换，从而加快干燥的速度。低温循环式粮食干燥机能够保持粮食品质有良好状态，裂纹率、破损率都很小，是一种理想的干燥方式。主要运用的是横流、混流方式，灵活性较强，能够对较多品种的湿粮进行烘干处理，稍加改进也适用于对温度较敏感的农作物种子等的加热烘干。

三、干燥机型号

干燥机械属于农机具中的第 5 大类机械，分为粮食干燥机（5H）、种子干燥机（5HZ）和籽棉干燥机（5HM）3 个小类。

根据农业机械行业标准《农机具产品　型号编制规则》（JB/T 8574—2013）的规定，干燥机产品型号依次由分类代号、特征代号和主参数三部分组成。

产品型号的编排顺序：

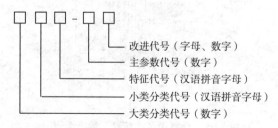

型号标识示例：

5H-20——表示生产率为 20t/h 的粮食干燥机。

5HZ-15A——表示生产率为15t/h第一次改进的种子干燥机。

5HM-10B——表示生产率为10t/h第二次改进的籽棉干燥机。

四、干燥机热源选用

目前，粮食干燥机以低温循环式为主。低温烘干能保持谷物原态，有利于保质、保存，而热源选择是关系粮食烘干效果和作业成本的关键环节。用户选择热源考虑的主要因素是使用成本、用工量及劳动强度。主要热源有以燃油、燃气、燃煤、木柴、秸秆等为燃料的燃油炉、热风炉、蒸汽锅炉等，也有电炉、微波炉、热泵等电能设备。

粮食干燥机常用的热源可分为供热烟气和供热空气两种，前者用于直接干燥，后者用于间接干燥。

1. 直接干燥热源

直接干燥是指热风炉中，由燃料燃烧对介质（空气）直接加热升温并穿透粮层进行干燥，其结构简单，热损失小，但燃烧不充分会污染粮食，因而多用于高温瞬时干燥，如流化槽等。

（1）燃油炉　以柴油为燃料的粮食干燥机应用较早，多用于种子烘干。大多数产品直接配套柴油燃烧器，烘干自动化程度高。该设备以燃油为原料，由燃油器和燃烧室两部分组成。燃油炉有多种不同结

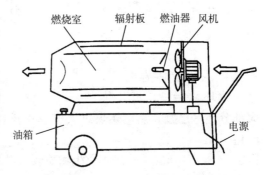

图5-10　直接加热式燃油炉结构简图

构类型，常见的有喷射式燃烧炉、回转式燃烧炉等。目前应用较为广泛的是喷射式燃烧炉（图5-10），通过燃烧炉喷嘴把燃油喷成雾状，与引入的大量空气混合并充分燃烧，燃烧的产物——烟气由

风机引出送入干燥机。可根据自身特点调节火焰的长短及烟尘浓度,以便油料充分燃烧。

(2)燃气炉 燃气炉工作时,采用燃料直接燃烧的方式,经高净化处理形成热风,与粮食直接接触加热干燥。燃烧器控温精确,性能稳定,运转可靠。

2. 间接干燥热源

间接干燥的特点是介质(空气)的加热是通过热交换器进行的,不接触燃料,其主要优点是对粮食无污染,能保证其品质。

(1)燃煤热风炉 煤炭作为一种化石能源热值较高,一台以煤炭为燃料的热风炉可以配套多台粮食干燥机。燃煤热风炉采取间接加热方法,通过热交换装置把热量输送给干燥机(图5-11)。燃煤热风炉结构简单易操作,单价低。但这种热风炉自动化程度较低,需要雇佣专职工作人员,且劳动强度大,炉体寿命短,易导致环境污染。近几年大部分地区已禁止新增燃煤热风炉,并开展对原有燃煤热风炉的改造工作。

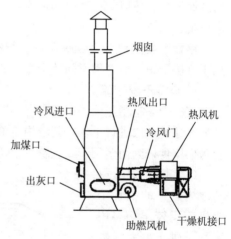

图5-11 燃煤热风炉结构简图

(2)生物质颗粒热风炉 生物质颗粒燃料是一种以植物和农林废弃物为原料的既环保又可循环利用的清洁能源。这种原料来源广泛,具有"绿色煤炭"之称,是我国大力发展的一种燃料。以生物质颗粒为燃料的节能环保型热源锅炉,具有自动化程度高、控温精准、低排放等特点。一台生物质颗粒热风炉可以配套3~4台15t左右的粮食干燥机(图5-12、图5-13)。

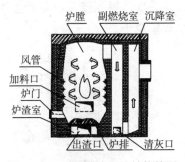

图 5 - 12 生物质热风炉结构简图　　　图 5 - 13 生物质热风炉外形

（3）稻糠热风炉　作为粮食加工的附属品，稻糠可以用作粮食干燥机的燃料，使用成本较低，完全燃烧无污染物排放。稻糠热风炉一般由稻壳仓、输送机、燃烧器、除灰器、风机、风网等组成（图 5 - 14）。但由于稻糠密度小，热值低，需要专门的存放空间，且以稻糠为燃料的热风炉体积较大，售价较高，使用寿命在 5 年左右，一般适合大型粮食生产加工企业使用。

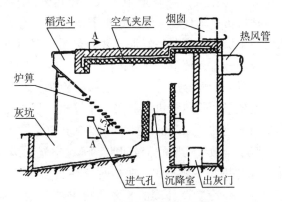

图 5 - 14　稻糠热风炉结构简图

（4）空气源热泵　空气源热泵的工作原理是通过制冷系统压缩机工作，把空气中的热量吸收过来，再加上为推动制冷系统工作而消耗的一部分电能，将两部分的热能都送到粮食烘干通道中烘干粮食，具有清洁、安全等特点（图 5 - 15、图 5 - 16）。此类干燥机自动化程度较高，用工量较少。但设备一次性投入较大，需要电力增容，而且对环境要求较高，适合小规模烘干。

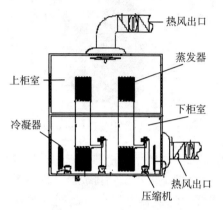

上柜室

冷凝器

热风出口

蒸发器

下柜室

热风出口

压缩机

图 5 - 15　空气源热泵结构简图

图 5 - 16　空气源热泵外形

热泵干燥装置可分为开式、半开式和封闭式。开式热泵干燥装置是指干燥介质（空气）从环境中吸入，经热泵升温后进入干燥机，干燥粮食后再排入环境。半开式指干燥介质（空气）部分从环境中吸入，与干燥机的部分废气混合并经热泵升温后进入干燥机，干燥机的废气部分排入环境，部分再循环进入热泵重新加热。封闭式热泵干燥装置的干燥介质（空气）全部在装置中循环。

（5）热量梯级回收热泵机组　采用干燥机出风热量梯级回收、干燥新风梯级加热的"双阶梯"技术，实现了 SO_2、CO_2 烟气与干燥机粉尘"双零排放"。热量梯级回收、干燥空气梯级加热的"双零双阶梯"谷物热泵干燥机组，采取梯级多台阶小温差冷凝器放热，使干燥空气在冷凝器外侧的流体通道中被连续小幅度加热升温；采取梯级多台阶小温差蒸发器吸热，使干燥装置暖湿出风在蒸发器外侧的通道中被连续小幅度降温除湿。工作原理如图 5 - 17 所示。具有制热功率大、制热能效比高的特点。

热泵型谷物干燥机安装和使用注意事项：热泵型谷物干燥机由热泵热风机组和烘干塔两部分组成，热泵热风机组工作原理与空调

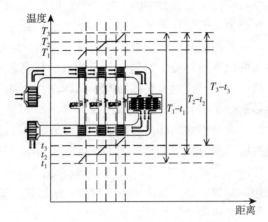

温度

T_3
T_2
T_1

T_3-t_3

T_2-t_2

T_1-t_1

t_3
t_2
t_1

距离

图 5-17　热量梯级回收热泵机组原理图

机类似，它有"三怕"：怕灰多，怕雨水，怕低温。

五、干燥机的安装调整

粮食干燥机安装属于成套设备安装，安装前需要充分考虑湿粮暂存车间、烘干车间、储粮库、热源供给、输送设备的传输能力、除尘设施和运输车辆进出场等关键因素合理布局，以及工艺流程的流畅程度，设计合理的生产工艺不但可以提高生产工效，减少辅助用工，并且可以一定程度地降低设备的能源消耗。故在安装前最好有一套完整、规范的安装方案，提前把安装过程中可能遇到的问题解决好，确保粮食烘干中心建设质量。

1. 选型

（1）容量　用户可以通过生产规模、服务半径及烘干能力的测算来确定干燥机的容量。以江苏地区为例，一般情况下建议 15hm² 配置 1 台 8t 左右的干燥机，20hm² 配置 1 台 10t 左右干燥机，35hm² 配置 2 台 10t 干燥机。

干燥机容量的配备宜大不宜小，在收获季节遇上连续阴雨时，粮食水分高，烘干量大，如果干燥机容量配备小、生产率低，就不能及时解决粮食干燥的问题，易造成霉变损失。

（2）类型　粮食干燥机类型的选择主要是根据粮食的品种，如果是小麦与水稻为主的粮食产区，尽量选择混流、混逆流型式的干燥机，如果是玉米的主要产区，则尽量选择多级顺流高温快速干燥机。水稻烘干可以选择逆流、混逆流等低温、大缓苏段的干燥机。粮食不同，选择的干燥技术及具体的操作都有较大区别，同时粮食的数量也会影响烘干工艺及干燥机的选择。

具体来说，就是粮食品种多、数量少或者是粮食存放相对较为分散，尽量选用小型分批（循环）式干燥机或者是小型移动式的干燥机，便于使用，方便管理。但是，如果粮食品种单一，数量巨大，烘干期短，则要尽量选择大型的连续式的干燥机为佳。干燥大量粮食一般采用多机组联机安装方式进行配置。

受到作物自身情况的影响，不同作物的收获季节不同，收获数量不同，烘干时也会受到一定的温差影响，因此，要充分考虑到烘干的效果与作业的成本。在沿海地区，尽量选择可以避免低温潮湿的天气进行粮食的烘干，否则将会影响脱水效果，导致生产效率差，烘干成本过高。而北方地区要进行烘干则尽量选择 0℃ 以上时进行作业，因为外界的温度越低，单位热耗也就更大，成本也就更高。因此，北方 0℃ 以下时的作业必须要对干燥机进行保温处理，加设保温层，减少热量的损失。

（3）资质　目前生产或供应我国市场的干燥机企业众多，在选购时要注意其产品应通过农业农村部或地方法定农机检测鉴定部门的鉴定。但不同企业在干燥机的控制与检测技术、机械传动机构或机器配置上都有所不同，从而干燥机的性能与价格亦有所差异。

2. 选址

（1）粮食烘干中心地点的要求　粮食处理中心规模确定后，地点应选在交通方便、粮源充沛、远离居民区、靠近电网的地段，原粮运输距离不超过 30km 为宜，有效粮食种植面积在 $200hm^2$ 左右。而且还要考虑以下因素：

①应建在地势较高的地段，应有充足的水源和良好的排水系统。

②远离污染源及易燃易爆场所，不得有昆虫大量滋生的潜在场所，避免危及粮食安全。

③应在居民区的下风位，堆肥场、医院、畜牧场等易散发臭味或粉尘场所的上风位。距居民区不少于50m，距砖厂、水泥厂不少于100m，距堆肥场、医院不少于300m，距畜牧场不少于500m。

④不应建在交通繁忙的公路边，也不应建在机场附近。

⑤尽可能选用贫瘠的土壤，避免占用高产田。

（2）干燥车间的位置选择

①干燥机应装在室内，要选择通风良好的厂房，通风不良，会降低干燥效果，甚至不能干燥。不宜安装在空旷的场地，防止大风雨雪等恶劣天引起侧翻。

②应将排风管通至室外，离排风口1m之内不应有障碍物。如不能将湿气排出或排风不畅，会降低干燥效果。

③应将排尘管接至室外，否则将增加干燥房内的粉尘量。

④干燥机四周应有足够空间，以方便装、卸粮食。

⑤安装干燥机的地面应平坦、坚实，且具有防水功能。

⑥干燥房应有足够高度，操作者可以方便地进出干燥机顶盖窗口。

⑦供电系统应提供3相5线制工业380V电源，且有效容量不小于120kW。

3. 安装

（1）干燥机的安装应严格按照装配图和基础图的要求规范施工，干燥机安装前，应对其零部件及其辅助件一律清查、清擦。

（2）用水平仪校正干燥机基础。

（3）根据图纸要求，依次将冷却段、下烘干段、上烘干段按照技术要求进行组装。

（4）将排粮段吊装到基础上，摆正校平后，将基座与基础上的预埋板固定为一体。

（5）按图纸要求，依次将冷却段、下烘干段、上烘干段吊装到位。

（6）将各连接层连接固定好后，安装储粮段和塔顶。

（7）连接热风风道和冷风风道系统。

（8）安装冷风机、热风机风量调节装置，并与风道系统连接。

（9）安装电控系统。

（10）安装其他随机附件。

4. 调试

干燥机系统安装完成后，应调试合格后才能进行生产操作。

调试前应先检查所有机构和零件是否安装正确；传动件、声光报警装置是否运转正常；需润滑部位是否按规定加注润滑油；风机、电机的转动方向是否正确；三角带的松紧程度是否恰当；确认干燥机操作人员是否经过培训，需经考核合格后才能上岗；确认附属设备空车连续运转情况是否正常。

（1）处理量的控制和调整　通过调节干燥机排粮机构的变频调速器或电磁调速电机来调整处理量。

①叶轮式排粮机构。调节叶轮转速，叶轮转速越高，排粮速度越快，处理量越大；反之越小。

②排粮板式排粮机构。采用下列两种方式调节：一是调节排粮板往复运动的频率。频率越高，排粮速度越快，处理量越大；反之越小。二是调节排粮板与流粮斗的间隙。间隙越大，排粮速度越快，处理量越大；反之越小。

③拨粮板式排粮机构。调节拨粮板转数，转数越大，处理量越大；反之越小。

（2）降水幅度的调整

①降水幅度与处理量呈负相关关系。当进机湿粮水分较高或出机粮食水分超过要求时，减少处理量，提高降水幅度。

②降水幅度与热风温度呈正相关关系。当进机湿粮水分较高或出机干粮水分超过要求时，在不影响品质的前提下，提高热风温度，提高降水幅度。

③调节热风温度时应保证有足够的热风风量。

（3）热风温度的控制和调整　换热器出口热风温度不大于

300℃。热风温度的确定除应按干燥机降水所需总热量的要求外，还应根据干燥机机型、结构、粮食种类及最终用途、原粮水分、处理量、降水幅度和干燥速度等因素的不同而确定。

①负压换热器。调节热风管上手动和电动闸门的开启程度可控制冷风的配入量，从而调整干燥机的热风温度。

②正压换热器。调节风机进口闸门的开启程度可控制总风量，从而调整干燥机的热风温度。

（4）风量的调整　与热风温度的调整互为关联，对不同型式的换热器，风量的调整按上面提到的方法进行。

5. 试机

粮食干燥机成套设备试机首先按单台设备手动状态逐一调试，单机试车完毕后进行空载联动试车，确保所有设施设备状态良好，功能齐全，符合生产要求。联机试车运行检查时间不低于4h。

只有确认上述过程完好后方可上料装机，首次烘干要求烘干塔第二烘干段以下应事先装满安全水分粮食，然后才能装进高水分烘前粮，以保证生产的连续性。如不事先装进安全水分粮食，则正常生产作业开始后要做特殊处理。粮食的装机量要确保储粮段有一定的粮层高度，如果粮层过低，容易造成干燥段的上部热气流泄露。

六、烘干作业操作过程

粮食干燥机作业流程要严格按照厂家使用说明书进行。

1. 清选

烘干作业前须风选筛除粮食中的杂物，含杂率控制在2%以内，其中长茎秆（≤50mm）含量≤0.2%，且不得有大的异物。若干燥粮食中的秸秆、杂草及杂物较多，会影响粮食循环，进而影响粮食干燥均匀性，严重时会出现堵塞或损坏机器零件。另外，不能将扎绳、铁丝、石子等异物混入，否则机器在运转过程中会发生堵塞或卡死等故障。

2. 开机

开机原则：根据粮食流动方向，从后至前依次开启设备，关机时则相反。

开机顺序：烘后仓进粮提升机→振动筛→提升机→干燥机排粮输送机→排粮机构→提升机→烘前仓仓下闸门→初清筛。

干燥机没有排出干粮之前，可暂不开动自衡振动筛及后面的输送机和提升机等设备。

干燥机进粮达到上料位时，启动热风机，微调配风闸门，使热风温度由低到高逐渐达到设定值。对湿粮预热烘干 20～30min 后，开始进入循环或连续作业。

除尘设备应与系统主要设备电气联锁。设备启动前，除尘设备应提前 5min 启动，设备停机后，除尘设备应延后 10min 停机。

3. 干燥

（1）控制湿粮水分　谷物干燥机作业时对粮食水分含量有一定要求，如循环式谷物干燥机要求粮食进机水分含量应在 30% 以下，若水分含量超过 30%，易堵塞烘干室，严重时影响粮食循环。烘干含水率不均的粮食时，需适当加长通风循环时间。烘前湿粮入仓前应按不同水分分堆存放，分批烘干。同一批入仓的粮食水分含量差应小于 3%。

（2）控制进粮数量　为确保烘干作业安全，通常装粮数量不应超过烘干室容积的 80%～90%。

（3）选择合适的最高加热温度　小麦最高加热温度应控制在 45～50℃，稻谷最高加热温度不超过 60℃。种子应采用低温慢速干燥法，炉气温度不超过 45℃。

（4）把握点火时机　干燥稻谷时，在未装满所需烘干量之前，只能进行通风循环，不能给燃烧器点火。干燥小麦时，装粮量应适当小于机械额定容量，装料太少时不可进行热风干燥。

（5）选择适当的终止含水量　长期仓储粮食，终止含水量设定在 12%～14%，短期仓储粮食终止含水量设定在 14%～16%。

4. 停机

（1）临时停机　临时停机一般有三种原因：粮食干燥机故障；临时停电；粮源不足。

①因粮食干燥机故障造成临时停机时，应按以下步骤和顺序处理。

- 关闭故障点前的所有联动设备，再关闭烘前仓的排粮闸门，烘干机停止进料。
- 停机时间不长，可不必熄灭热风炉，应关闭热风炉风机，当烟气温度降至400℃以下时，关闭所有风机。
- 关闭排粮电机，停止排粮。
- 停机后，每小时应排粮2~4min，防止粮食板结。

②因粮源不足造成停机时，按长期停机的要求处理。

③因临时停电造成停机时，各种机械不能运转，应立即打开换热器配冷风门，进行自然通风。

（2）长期停机 烘干期结束时或时间超过24h的停机。

①从前至后依次关闭干燥机前的设备。

②随着干燥机内粮食逐渐排空，自上而下关闭热风机及进风闸门。

③保持冷却风机开启，直至粮食完全冷却后排出干燥机。

④关闭干燥机的排粮机构，关闭冷却风机。

⑤从前往后依次关闭干燥机后边的输送、清理设备。

⑥关闭除尘系统。

⑦停炉熄火。

七、干燥机的安全使用技术

1. 除尘

粮食干燥机在使用过程中，机体内积聚越来越多的粉尘会堵塞干燥层的网筛，严重影响干燥机的工作质量和工作效率。排出机体外的粉尘会影响周围环境，而且粉尘燃点较低，还有发生爆燃的危险。根据粉尘的特性，现有的除尘方式有自然沉降、喷淋沉降、脉冲除尘等。

（1）自然沉降是灰尘在气流的作用下，经过2道或以上隔间后，灰尘自然掉落在除尘间内，尾气排放至室外，隔间越多效果越理想。此种方法简单，容易清理，但占地面积相对较大，是比较传统的除尘方式。

（2）喷淋处理则是在尾气排出集尘室前利用水洗涤含尘气体，使灰尘沾附，进一步净化尾气中的细微颗粒，喷淋后的污水需要经过沉淀池进行沉淀后外排或循环利用。在使用喷淋时应注意使用干净的水源并及时清理喷头，防止喷头被水中杂质堵塞、灰尘糊住喷头，导致最终的除尘效果不佳。

（3）脉冲除尘其实也是布袋除尘，就是含尘气体穿过布袋，灰尘留在布袋一侧，而穿过布袋另一侧干净的空气流向外界。脉冲除尘是在此原理的基础上增加一个反吹脉冲，使灰尘能够自然脱落，减少了人工清理布袋的过程。如不增加反吹脉冲，会导致布袋吸附灰尘越来越多，阻力越来越大，致使烘干效率下降。脉冲除尘结构相对复杂，占地较少，自动化程度较高，除尘效率可达 99.99% 以上。

2. 维护保养

为了保证干燥机的工作效率，延长干燥机的使用寿命，应定期对干燥机的各个部件进行保养。

工作前整机必须进行一次完整的保养。

（1）热源应有专人管理，定时检查运转是否正常。热源的控制系统有缺相保护，经常检查三相电源是否正常，保险丝是否完好。

（2）定时通过油窗检查油量剩余情况，油量不足时，应及时加油。一般情况下，传动轴承一天加一次机油，电机、减速机轴承和支托轴承每半年加一次机油即可。

（3）空气源热泵冷凝机组风冷冷凝器翅片滤网应经常清洗，防止灰尘或其他异物阻塞风路。

（4）生物质热风炉燃烧一个周期后，热风炉上各个出灰口必须清理一次。

（5）燃油炉燃烧器的滤清器一般在使用 100h 后要清洗一次。

（6）风机在检修过程中要全部拆开，将机壳、叶片与轴承进行仔细的清洗。

（7）干燥机在使用 100h 左右要进行一次保养，全面检查调整提升机皮带、三角皮带的松紧度，清理上下搅龙及机器内部的杂物。检查各转动部件及有关部位的紧固件有无松动现象，把各部位调整、紧固到正常状态。

（8）经常检查干燥机的排粮是否畅通，发现排粮板或叶轮堵塞，应及时清理，防止机内粮食流动不畅形成死角，粮食过度干燥而着火。

3. 安全注意事项

（1）干燥机系统应设置避雷装置，所有运转部分应设置防护罩，操作盘与机体务必接上地线，以防漏电。

（2）在干燥机明显的位置，应挂有"严禁烟火"的警示标志，在存在安全隐患的位置应张贴相应的警示或提示标志。

（3）操作人员上班时要始终保持服装整齐，严格按照使用说明书的要求进行操作。凡有两人以上操作时，须先打招呼再进行开机，不允许小孩在机器周围玩耍。

（4）系统运行时，电气系统应设有专人负责管理，严格执行电气安全操作规程。停机时，要切断电源。

（5）已装粮或正在作业中的烘前、烘后仓及干燥机储粮段不允许进人。烘干作业正常进行时，严禁打开检修门、燃烧器箱、吸气盖板等，避免发生烧伤或其他事故。

（6）热风炉停炉后，炉膛温度应降至 50℃ 以下并在通风状态下才能进人维修。维修人员应采取安全保护措施。

（7）设备维修时，务必关闭电源开关，电气控制柜应设有警示标志，并有专人看管。高空操作和维修人员应配备安全带和安全帽。高空进行焊接操作时，下面不得有粮油和易燃物品。离焊接点较近的易燃物应做防火处理。

（8）出机温度不符合相关要求的粮食不允许直接进仓。

（9）斗式提升机发生畚斗带卡住故障时，不允许用手或硬物撬畚斗带。

（10）严禁在燃烧炉内部、风道内部、进气罩内网及炉箱盖上积存易燃污垢。要始终保持燃烧炉周边清洁，不得堆放易燃物品。

并在干燥机旁要备有灭火器、消防用沙箱等，以防发生火灾。

（11）不得长时间超负荷使用热风炉，以免烧坏换热器而引发干燥机着火。严格控制热风温度，防止因人员疏忽导致热风温度过高而造成干燥机着火。严密监视热风炉的烟道有无漏气现象，防止烟道气窜入干燥机引起火灾。严密监视燃油炉供油状况和有无漏油现象，特别是在炉子点火阶段。关注天然气压力和管道密封情况，关注现场的燃气检测设备和报警警示。及时更换电线，防止线路老化。

（12）当干燥机内着火时，火未扑灭前任何人不允许进入干燥机，应立即切断电源，干燥机实施紧急停机，热风炉实施临时停炉，科学扑灭火灾，分析原因并及时处理后方可再次开机。

4. 安全标志

防护装置、外露运动的筛体、风机进出口、排粮链条、设备高速运转机构、高温部件等对人体有危险的部位都应设有醒目的警告牌。

警告牌分为危险标志、警告标志、注意标志 3 种（表 5 - 6）。警告牌及其他标牌要始终保持清洁，醒目，脱落或损坏时，要及时重贴。

表 5 - 6   干燥机常用安全标志示例

分 类	安全标志	含 义	张贴位置
注意标志		关闭装料板时，不要将手放入装料板内侧。由于风压的作用，有导致伤害的危险。	
		除装料以外，不要打开装料板。运转过程中，如果打开装料板，有接触旋转物导致伤害的危险。	装料板

（续）

分　类	安全标志	含　义	张贴位置
注意标志		不要站到装料板上去，否则有导致伤害的危险。	
		运转过程中，不要打开盖板。如果打开盖板，有接触旋转物导致伤害的危险。 不要拆卸水分传感器。在运转过程中，拆卸水分传感器，有接触旋转物导致伤害的危险。	料斗
		在运转过程中，不要打开盖板。如果打开盖板，有接触旋转物导致伤害的危险。	皮带
		在运转过程中，不要打开盖板。如果打开盖板，有接触旋转物导致伤害的危险。	链条
		接触风扇，有导致伤害的危险。安装排风导管后，方可运转风机。	风机
		运转过程中，不要打开盖板。如果打开盖板，有接触旋转物导致伤害的危险。	风机

（续）

分 类	安全标志	含 义	张贴位置
警告标志		在运转过程中，不要打开盖板。如果打开盖板，有导致烧伤和意外事故的危险。 在运转和燃烧过程中，不要拆卸箱体。如果拆卸箱体，有导致烧伤和意外事故的危险。	盖板箱体
		有触电的危险。打开盖板时，要切断电源。	电源
		运转过程中，不要打开盖板。如果打开盖板，有接触旋转物导致伤害的危险。	均分机
危险标志		梯子要牢牢地挂在挂环内。若挂得不牢，有引起跌落导致伤害的危险。	梯子

参 考 文 献

车刚，吴春生，2017. 典型农产品干燥技术与智能化装备 [M]. 北京：化学
工业出版社.

丁为民，2011. 农业机械学：第 2 版 [M]. 北京：中国农业出版社.

方福平，2014. 图说两岸水稻全程机械化 [M]. 北京：中国农业科学技术出
版社.

扶爱民，齐国，2009. 耕整地与种植机械 [M]. 北京：中国农业大学出版
社.

何超波，2017. 水稻生产全程机械化技术 [M]. 合肥：安徽科学技术出版
社.

李道亮，2018. 农业 4.0：即将来临的智能农业时代 [M]. 北京：机械工业
出版社.

刘燕，李良波，彭卓敏，2011. 植保机械巧用速修一点通 [M]. 北京：中国
农业出版社.

鲁植雄，彭卓敏，2012. 玉米收割机常见故障诊断与排除图解 [M]. 北京：
中国农业出版社.

鲁植雄，杨新春，2012. 水稻插秧机常见故障诊断与排除图解 [M]. 北京：
中国农业出版社.

鲁植雄，赵桂龙，2013. 联合收获机修理工 [M]. 北京：中国农业出版社.

鲁植雄，赵兰英，2013. 播种施肥机修理工 [M]. 北京：中国农业出版社.

农业部农业机械试验鉴定总站，2016. 小麦生产全程机械化装备的选择、使
用与维护 [M]. 北京：中国农业出版社.

衣淑娟，侯雪坤，2008. 谷物干燥机械化技术 [M]. 哈尔滨：黑龙江科学技
术出版社.

朱继平，丁艳，彭卓敏，2010. 耕整地机械巧用速修一点通 [M]. 北京：中
国农业出版社.

图书在版编目（CIP）数据

粮食生产全程机械化技术手册／钱生越，鲁植雄主编．—北京：中国农业出版社，2020.7（2021.12 重印）
（高素质农民培育系列读本）
ISBN 978-7-109-26689-6

Ⅰ.①粮… Ⅱ.①钱… ②鲁… Ⅲ.①粮食－农业机械化－技术手册 Ⅳ.①S233-62

中国版本图书馆 CIP 数据核字（2020）第 045571 号

中国农业出版社出版

地址：北京市朝阳区麦子店街 18 号楼
邮编：100125
责任编辑：国　圆　孟令洋
版式设计：王　晨　责任校对：刘丽香
印刷：北京通州皇家印刷厂
版次：2020 年 7 月第 1 版
印次：2021 年 12 月北京第 6 次印刷
发行：新华书店北京发行所
开本：880mm×1230mm　1/32
印张：7.75
字数：250 千字
定价：28.00 元